室内设计手册

软装
布置与陈设

INTERIOR
DESIGN MANUAL

邵 楠 编著

江苏凤凰科学技术出版社

图书在版编目（CIP）数据

软装布置与陈设 / 邵楠编著. 一南京 ：江苏凤凰
科学技术出版社，2017.10
（室内设计手册）
ISBN 978-7-5537-6359-0

Ⅰ．①软… Ⅱ．①邵… Ⅲ．①室内装饰设计 Ⅳ.
①TU238.2

中国版本图书馆CIP数据核字(2017)第227568号

室内设计手册

软装布置与陈设

编　　　著	邵楠	
项 目 策 划	凤凰空间 / 李雁超	
责 任 编 辑	刘屹立 赵 研	
特 约 编 辑	李雁超	

出 版 发 行	江苏凤凰科学技术出版社
出版社地址	南京市湖南路1号 ，邮编： 210009
出版社网址	http：//www.pspress.cn
总 经 销	天津凤凰空间文化传媒有限公司
总经销网址	http：//www.ifengspace.cn
印　　　刷	北京汇瑞嘉合文化发展有限公司

开　　　本	889 mm×1194 mm 1 / 16
印　　　张	17
字　　　数	218 000
版　　　次	2017年10月第1版
印　　　次	2017年10月第1次印刷

标 准 书 号	ISBN 978-7-5537-6359-0
定　　　价	288.00元

图书如有印装质量问题，可随时向销售部调换（电话：022-87893668）。

PREFACE 前言

　　家庭装修最重要的是体现"家"的特色，并且适合居住。在装饰手法上要新颖，往往不需要用高档材料大量堆砌，在家具的配置、装饰品上进行精选搭配，即可表现出与众不同的新面貌。这正是"软装饰"产生的基础。所谓"软装饰"，通俗地说，是指装修完毕之后，利用那些易更换、易变动位置的饰物与家具，如窗帘、沙发套、靠垫、工艺台布、铁艺等装饰工艺品，对室内进行再次装饰和布置，使空间变得丰富起来，更方便人们的使用。

　　软装饰在体现主人的品位之余，更是营造家居氛围的点睛之笔，它打破了传统装修行业的界限，将工艺品、布艺织物、灯具、家具、花艺、植物等进行重新组合，形成一个新的装修理念。如果家装太陈旧，也不必花费很多钱重新装修，仅需对软装进行更换组合，就能呈现出不同的面貌，给人耳目一新的感觉。自己动手设计和布置，更成为一种新的时尚生活方式。

　　本书经国内顶尖设计专业人士及各大艺术名校教授指导，汇集软装艺术理论和实践知识要点，详细梳理软装设计中的实用内容，对软装的概念、作用、软装色彩、软装材质、家居软装元素的类别、4大主空间软装布置、10大潮流风格软装解析、7类上流人群软装搭配技巧等内容进行深入阐释，力求为软装爱好者，室内设计、室内陈设、环艺设计等在校师生和设计师提供实用的宝典级素材库。

CONTENTS 目录

第一章
软装设计的魅力

第一节

认识软装设计

在对家居空间进行软装设计之前，需要对软装设计建立初步的印象，理解什么是软装设计、软装设计的作用、软装设计的流程等，只有对软装的基础问题进行充分了解，才能够更系统地进行软装设计。

从概念到类别详细
解析家居软装

　　"软装"是相对于建筑本身的硬结构空间而被提出来的，是建筑视觉空间的延伸和拓展。随着生活水平的提高，人们的审美水平也在逐步提高，对家居环境的质量有了更高一层的追求，愈发注重居室装饰的个性化、风格化、舒适化，"软装饰"在此基础上应运而生。

什么叫作软装设计

　　在室内设计中，室内建筑设计可以称为"硬装设计"，而室内陈设艺术设计则被称为"软装设计"。"硬装"是建筑本身延续到室内的一种空间结构的规划设计，可以简单理解为一切室内不能移动的装饰工程；而"软装"可以理解为一切室内陈设的可以移动的装饰物品，包括家具、灯具、布艺织物、工艺品、装饰画等。"软装"一词其实是近几年来行业内一种约定成俗的说法。

　　其实，"软装"也可以叫作家居陈设，在某个空间内将家具陈设、家居配饰、家居软装饰等元素通过设计手法呈现出所要表达的空间意境，使得整个空间满足人们对物质和精神的追求。

软装家具

软装灯具

软装工艺品

软装花艺

软装挂画

软装的类别

　　从家用的角度，可以把软装分为实用性软装和装饰性软装两大类。实用性软装指的是家庭中必不可少的软装，通常是日常生活必需品，如家具、布艺、灯具、餐具等。装饰性软装是指可以烘托环境气氛，强化室内空间特点的装饰物，如装饰画、工艺摆件、插花等。

▲ 餐具类实用性软装

▲ 摆件类装饰性软装

▲ 家具类实用性软装

软装设计
有助于调节室内气氛

传统式的硬装潮流已经退却，随之而来的是软装设计所引领的生活新风尚。软装应用于室内设计，不仅可以带给居住者视觉上的美好享受，还可以让居住者感受到温馨、舒适和其独特的魅力。

彰显居室风格特征

室内环境的风格按照不同的空间特征和文化底蕴，主要分为现代风格、中式风格、欧式风格、乡村风格、新古典风格等。室内空间的整体风格除了靠前期的硬装来塑造之外，后期的软装布置也非常重要，因为软装单品本身的形态、色彩、图案、质感均具有一定的风格特征，因此，帮助彰显出居室特有的格调。

▼ 清新高雅的艺术氛围

▲ 新中式的软装风格

烘托居室气氛

软装设计在室内环境中具有较强的视觉感知度，因此对于渲染空间环境的气氛具有较强的作用，不同的软装设计可以造就不同的室内环境氛围，例如欢快热烈的喜庆气氛、深沉凝重的庄严气氛、高雅清新的艺术气氛等，都给人留下不同的印象。

组建居室色彩

在家居环境中，软装饰品占据的面积比较大。据调查，一般房间软装占总面积的35%～40%，在家庭住宅的小居室中，软装面积可达到55%～60%。窗帘、床罩、装饰画等其他软装饰品的颜色，对整个房间的色调形成起到很大的作用。

▲ 灰色的软装色调

省钱省力地改变装饰效果

许多家庭在装修的时候总是翻天覆地的大变身，不是砸墙改造就是在墙面做各种复杂造型，既费力又容易造成安全隐患，还容易过时。如果能更换一些紧随潮流的软装配饰，不仅能够花小钱做出大效果，还能减少日后翻新时造成的损失。

▲ 各色布艺打破空间沉闷感

方便快捷地改变居室风格

软装的另一个作用就是能够让居家环境随时跟上潮流，方便快捷地改变家居风格。比如，可以根据心情和四季的变化，随时调整家居布艺。夏季可以选用轻薄透气的纱制品、棉麻制品和凉爽的藤竹制品，房间立刻变得清爽起来；冬季气候寒冷干燥，宜选用触感柔软且温暖的羊毛、棉、针织等材质，以驱赶冬日的严寒。

▲ 夏日的软装搭配

软装设计要遵循
对比与调和的原则

家居软装可以加强室内效果，往往起到画龙点睛的作用，增进生活环境的个性和艺术品位。软装不单单体现配饰本身的价值，还可以起到陶冶情操，怡情遣兴的作用。需要注意的是，在软装设计中要遵循必要的设计原则，才不会导致产生喧宾夺主的居室效果。

风格定调，软装先行

在居室设计中，确立家居的整体风格是至关重要的。但风格的确立不仅仅是空间的硬装造型，还包括软装的特征。因此，在确定好整体风格后，应该最先选择风格相符的大型软装，比如家具。

▶ 欧式风格的软装定调

先有规划再做软装

很多人以为，完成了前期的基础装修之后，再考虑后期的配饰也不迟。其实不然，软装搭配需要尽早规划，在新房装修之初，就要先将自己的习惯、好恶、收藏等全部列出，并与设计师进行沟通，使其在考虑空间功能定位和使用习惯的同时满足个人风格需求。

▲ 书房展品较多的设计规划

搭配合理的软装比例

选择或设计室内软装时要根据室内空间的大小决定软装的体量大小，可参考室内净高、门窗、窗台线、墙裙等。如在大空间选择小体量软装，显得空荡且小气，而在小空间中布局大体量软装则显得拥挤。

运用对比与调和方法

可以通过光线的明暗对比、色彩的冷硬对比、材料的质地对比、传统与现代的对比等使家居风格产生更多的层次、更多样式的变化，从而演绎出各种不同节奏的生活方式。调和则是将对比双方进行缓冲与融合的一种有效手段，例如通过暖色调的运用和柔和布艺的搭配。

▲ 橙色和蓝色布艺的对比

遵循多样统一的原则

软装布置应遵循多样与统一的原则，根据大小、色彩、位置使之与家具构成一个整体，家具要有统一的风格和格调，再通过饰品、摆件等细节的点缀，进一步提升居住环境的品位，如可以将淡黄色系作为卧室的主色调，但在床头背景墙上悬挂一幅绿色的装饰画以便整体色调富于变化。

确定视觉中心点

在居室装饰中，人的注意范围一定要有一个中心点，这样才能造成主次分明的层次美感，这个视觉中心就是布置上的重点，可打破全局的单调感。但视觉中心有一个就够了。如果客厅里选择了一盏装饰性很强的吊灯，那么就不要再增添太多的视觉中心了，否则容易犯喧宾夺主的错误。

▲ 以红色的工艺品为视觉中心

按照流程做软装
有助于整体规划家居空间

好的设计师对于家的设计是整体的，它牵扯到整个后期配饰和情景布置，所以软装设计工作应该在硬装设计之前就介入，或者与硬装设计同时进行，但是目前国内的软装设计流程基本还是硬装设计完成确定后，再由软装公司设计软装方案，甚至是在硬装施工完成后再由软装公司介入。

首次空间测量

先观察空间的格局，了解承重墙和可拆除的墙体，测量各个空间的尺寸大小，最好对空间的各个角落拍照，并根据尺寸绘制原始结构图。

与业主进行沟通

通过家庭成员、空间动线、日常习惯、收藏爱好、宗教禁忌等各个方面与业主进行沟通，捕捉业主深层的需求特点，详细观察并了解硬装现场的色彩关系及色调，控制软装设计方案的整体色彩。

初步构思软装方案

根据沟通到的信息和测量尺寸进行平面布置图的初步布局，初步选择软装配饰；然后根据软装设计方案的风格、色彩、质感和灯光等，选择适合的家具、灯饰、饰品、花艺、挂画等。

签订软装设计合同

与业主签订软装设计合同，尤其是根据尺寸特别定制的部分，确定好价格和时间。确保厂家制作、发货的时间和到货的时间，以免影响进行室内软装的进场时间。

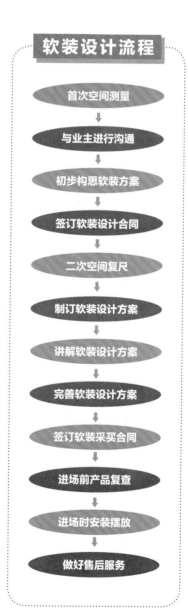

软装设计流程

首次空间测量
↓
与业主进行沟通
↓
初步构思软装方案
↓
签订软装设计合同
↓
二次空间复尺
↓
制订软装设计方案
↓
讲解软装设计方案
↓
完善软装设计方案
↓
签订软装采买合同
↓
进场前产品复查
↓
进场时安装摆放
↓
做好售后服务

二次空间复尺

软装设计方案初步构思完成后，设计师需要带着方案再次来到现场，对空间的整体布局和软装设计方案初稿反复考量，感受现场的合理性，对细部进行纠正，并再次核实软装尺寸。

制订软装设计方案

初步的软装设计方案得到业主的基本认可后，可再次细化方案，明确在本方案中各项软装配饰的价格及组合效果，按照配饰设计流程进行方案制作，制订正式的软装设计方案。

讲解软装设计方案

为业主系统全面地介绍正式的软装设计方案，在介绍过程中不断听取业主的反馈意见，并征求其他家庭成员的意见。以便下一步对方案进行归纳和修改。

完善软装设计方案

软装设计师应针对业主反馈的意见对方案进行调整，包括色彩组合、风格定位等软装整体配饰元素调整以及价格调整。

签订软装采买合同

与业主签订采买合同之前，需要先与软装配饰厂商核定价格及存货，再与业主确定配饰。

进场前产品复查

软装设计师要在家具未上漆之前亲自到工厂验货，对材质、工艺进行初步验收和把关，在家具即将出厂或送到现场时，设计师要再次对现场空间进行测量，确定家具和布艺的尺寸与室内环境相符合。

进场时安装摆放

配饰产品到场时，软装设计师应亲自参与摆放，对于软装整体配饰的组合摆放要充分考虑到各个元素之间的关系以及业主生活的习惯。

做好售后服务

软装配置完成后，应对室内的软装整体配饰进行保洁，并定期回访跟踪，如部分软装家具出现问题，应及时进行送修。

第二节

软装色彩与材质

从软装色彩和材质入手，逐步带你认识家居色彩的种类、明度、纯度、冷暖，了解每种颜色的情感意义，明白家居色彩的灵感来源，理解材质的冷暖关系，从而更加全面、深入地掌握家居软装知识。

色彩三要素
在家居空间中的表现

色相

色相指色彩所呈现出的相貌，是一种色彩区别于其他色彩最准确的标准，除了黑、白、灰三色，任何色彩都有色相。色相可以通过色相环来直观表现，常见的色相环分为 12 色和 24 色两种。即便是同一类颜色，也能分为几种色相，如黄颜色可以分为中黄、土黄、柠檬黄等，灰颜色则可以分为红灰、蓝灰、紫灰等。

MAIN POINTS

为了让人更容易理解并使用色彩，色彩学专家归纳颜色秩序发明了一种色相环，先以三原色为基准，构成正三角形，它们之间通过混色分别得出橙、绿、紫三间色，三原色与三间色再混色，产生6个复色，便形成有12种颜色的基本色相环。这样就能方便定义空间的冷暖与对比。

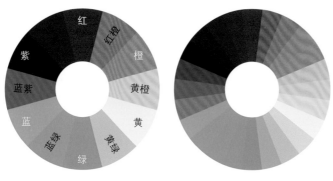

12 色相环　　　　　24 色相环

▲ 以三原色中的蓝色为主的空间

▲ 以蓝绿色的复色为主的客厅空间

明度

　　明度指色彩的明亮程度，明度越高的色彩越明亮，反之则越暗淡。白色是明度最高的色彩，黑色是明度最低的色彩。三原色中，明度最高的是黄色，明度最低的蓝色。同一色相的色彩，添加白色越多明度越高，添加黑色越多明度越低。

▲ 配色明度差异大，给人活力四射的视觉感受　▲ 配色明度差异小，给人平和安静的感受

纯度

　　纯度指色彩的鲜艳程度，也叫饱和度、彩度或鲜度。原色的纯度最高，无彩色纯度最低，高纯度的色彩无论加入白色，还是黑色纯度都会降低。

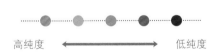

高纯度　←→　低纯度

▲ 纯度高的色彩组合艳丽感十足，配色层次丰富　▲ 低纯度配色，给人感觉比较温馨、稳定

要点

MAIN POINTS

　　明度差比较小的色彩互相搭配，可以塑造出优雅、稳定的室内氛围，让人感觉舒适、温馨；反之，明度差异较大的色彩互相搭配，会产生明快而富有活力的视觉效果。

低明度　　　　　　高明度

要点

MAIN POINTS

　　几种色彩进行组合，纯度高的色彩组合，给人鲜艳、活泼之感；纯度低的色彩组合，给人素雅、宁静之感。

家居空间色彩的
灵感来源

▲ 简洁的白色卧室，如同纯洁的百合花，给人宁静、柔和的感受

▲ 温润如玉的白色系大理石营造高雅格调，如同驰骋在田野中的骏马，洒脱大气

白色

　　白色具有单调、朴素、坦率、纯洁的形象，使人产生纯洁、天真、神圣的印象，能够给人以安全感，对烦躁情绪有镇静作用。白色具有安静的特点，在家居色彩运用中可以表达高贵、干净的感觉。在家居配色中白色是百搭色，和多种颜色搭配都可以产生良好的视觉效果，比如蓝色和绿色的软装布艺是难以搭配的，加上白色协调，就可以展现出清爽、环保的空间特点。

灵感来源

　　干净素雅的白色是明亮夜空中的月色以及温暖透明的玉石色彩，白色中带一点温色倾向，如白色的骏马、纯洁的白色花朵。

黑色

在家居色彩设计中黑色几乎是所有颜色的好搭档。它可以让其他颜色看起来更亮。即便是暗色系的色彩和黑色搭配也能凸显出色相。黑色和白色搭配可以产生很好的对比效果。但是在居室内大面积地运用黑色，会有一种沉重的感觉。

灵感来源

黑色具有高贵、稳重、科技的意象，许多科技产品的用色，如电视、跑车、摄影机、音响，大多采用黑色。生活用品和服饰设计也大多使用黑色来塑造高贵的形象。

▲ 以黑色点缀红色为主的客厅，如同具有鲜明棱角的汽车，高贵而时尚

▶ 黑色的亮光砖带着高贵气息，如同时尚界的漆皮挎包，给空间带来神秘感

王五平
深圳太合南方建筑室内设计事务所总设计师

使用黑色墙壁
要有充足的光线照射

黑色的墙壁具有足够惊艳的效果。优雅的黑色壁纸、黑色油漆或者黑板墙都可以使室内空间充满张力。但黑色也不是适合所有空间，挑高的天花板以及充足的自然光线是黑色墙壁的前提条件。

▲ 明艳的红色系座椅如同盛开的玫瑰花，娇艳动人

▲ 碎花壁纸的灵感来源于时尚的碎花布艺服装

红色

红色是三原色之一，和绿色是对比色，补色是青色。红色象征活力、健康、热情、朝气、欢乐，给人一种迫近感，能够让人体温升高，引发兴奋、激动的情绪，适合用在客厅、活动室及儿童房。

大面积使用纯正的红色容易使人产生急躁、不安的情绪。因此在配色时，纯正的红色可作为重点色少量使用，这样会使空间显得富有创意。将降低明度和纯度的深红、暗红等作为背景色或主色使用，能够使空间具有优雅感和古典感。

▶ 客厅以蓝青色的主色调点缀以大红色的台灯，灵感来源于古朴的青花瓷茶碗和喜庆的中国结

灵感来源

不管是春日绽放的红色花朵、缤纷的红色碎花衣服还是古朴的红色中国结，都可以营造热情的气氛。

黄色

黄色是三原色之一，和紫色是对比色，互补色是蓝色，但在绘画中通常将紫色作为补色。它还有促进食欲和激发灵感的作用，可以尝试用在餐厅和书房中。黄色作为暗色调的伴色可以取得具有张力的效果，能够使暗色更为醒目，例如黑色沙发搭配黄色靠垫。需要注意的是，大面积使用鲜艳的黄色，容易给人苦闷、压抑的感觉，建议降低纯度或者缩小使用面积。

▲ 黄色系的背景墙如同田野中娇媚的花朵，给人明快的感受

▶ 黄色系的挂画如同活跃的鸟儿，给卧室带来灵气

灵感来源

黄色给人轻快、充满希望和活力的感觉，它有大自然、阳光、春天的含义，让人联想到自然中黄色的鸟儿或在阳光下生长的黄色花朵等，给人快乐和希望。

蓝色

　　蓝色也是三原色之一，对比色是橙色，互补色是黄色。纯净的蓝色表现出一种美丽、冷静、理智、安详与广阔，适合用在卧室、书房、工作间和压力大的人的房间中。在卧室中使用时，可以搭配一些跳跃的色彩，以避免产生过于冷清的氛围。用在浴室中可以使人感觉轻松，减轻压力。蓝色是后退色，能够使房间显得更为宽敞，在小房间和狭窄的房间内使用能够弱化户型的缺陷。

▶ 蓝白色系的居室给人碧海蓝天般的畅快感受

▶ 蓝色系壁纸时尚美观，如同晶莹剔透的蓝莓，给人无限的遐想空间

灵感来源

　　蓝色是最冷的色彩，代表着纯净，通常让人联想到静谧的湖水、天空的湛蓝、晶莹剔透的蓝色果实，是令人安静并放松的颜色。

橙色

　　橙色的对比色是蓝色，互补色是介于红色和黄色之间的复合色，称为橘黄或橘色，兼备红色的热情和黄色的明亮。橙色能够激发人们的活力、喜悦、创造性，适用于餐厅、厨房、娱乐室，用在采光差的空间能够弥补光照的不足。需要注意的是，尽量避免在卧室和书房中过多使用纯正的橙色，会使人感觉过于刺激，可降低纯度和明度后使用。橙色稍稍混入黑色或白色，会变成一种稳重、含蓄又明快的暖色，橙色中加入较多的白色会带来一种甜腻的感觉。

灵感来源

　　橙色是欢快活泼的色彩，它能够使人联想到金色的秋天，橙色的果实，绽放的橙色花朵等。

▲橙色系壁纸的灵感来源于独具特色的花朵形状

▼在素雅的白色空间中摆放橙色系沙发，令人联想到泛着清香的橙子，给人带来无限的活力

▲绿色系的家具搭配棕色系的背景，给人一种青松古树的宁静感

绿色

　　绿色是介于黄色与蓝色之间的复合色，是自然界中常见的颜色。绿色属于中性色，加入黄色多则偏暖，加入青色多则偏冷。在家居空间中若单独地使用绿色，会显得缺乏情趣，可以将绿色作为装饰的主色，与蓝色、粉红色、黄色、大地色等颜色搭配，能够形成鲜明的对比感，空间配色显得活跃，生机感更强。

◀嫩绿色的陶瓷摆件如同森林中的绿色鸟儿，给空间带来灵动之感

灵感来源

　　绿色能够让人联想到森林中郁郁葱葱的树木或灵动的鸟儿，它代表着希望、安全、平静、舒适、和平、自然和生机。

▲ 深紫色背景高贵典雅，如同典雅的水晶，给客厅带来精致感

▲ 粉色、紫色的搭配让人联想到薰衣草花束，给卧室带来温馨浪漫感

紫色

紫色是蓝色和红色的复合色，与绿色一样，同属于中性色，蓝色多一些则偏冷，红色多一些则偏暖。紫色是浪漫的象征，淡雅的藕荷色、紫红色都具有女性特点，可用来表现单身女性的空间。沉稳的紫色能够促进睡眠，适合用在卧室中。纯正的紫色具有极强的个性，可以作为重点色使用，若大面积使用，建议搭配补色，以平衡色彩感。

灵感来源

深紫色带给人神秘之感，如生活中的紫色水晶，而淡紫色则代表着圣洁的爱情，让人联想到薰衣草花海。

色彩的四种角色
在空间中的运用

背景色

　　背景色顾名思义，就是在空间中充当背景的颜色，不限定于一种颜色，一般均为大面积的颜色，如天花板、地板、墙面等。即使是同一组家具，搭配不同的背景色，呈现出的视觉效果也是不同的，可以说，背景色是支配空间整体感觉的色彩，因此，在进行家居色彩设计时，先确定背景色可以使整体设计更明确一些。

要点
MAIN POINTS
背景色面积较大，因此多采用柔和的色调，浓烈或暗沉的色调不宜大面积使用，可用在重点墙面，否则易给人不舒服的感觉。

▲ 淡雅的浅色调为背景色，显得柔和、舒适，给人和谐的感觉

▲ 床头背景墙采用浓郁的绿色，搭配其他柔和的背景色，能够使空间"动"起来

主角色

　　主角色通常是空间中的大型家具、陈设或大面积的织物，例如沙发、屏风、窗帘等。它们是空间中的主要部分、视觉的中心，其色彩可引导整个空间色彩的走向。决定空间整体氛围后，可以在划定的范围内选择自己喜欢的主角色，其并不限定于一种，但不建议超过三种颜色，例如三人沙发组，就可以选择两组颜色进行组合，其中一种用无色系或选择类似色搭配。

要点
MAIN POINTS
主角色与背景色的搭配主要有两种方式，一种是选择与背景色相近的色相，形成舒适、协调的氛围；一种是选择背景色的互补色，形成活泼、动感的氛围。

▲ 背景色为浅蓝色，与蓝绿色为主的床，色相类似，形成协调的效果

▲ 背景色为绿色，与红色为主的餐桌椅，两者互为互补色，形成对比关系

配角色

配角色与主角色，是空间的"基本色"。配角色主要起到烘托及凸显主角色的作用，通常是地位次于主角色的陈设，例如沙发组中的脚蹬或单人沙发、角几、卧室中的床头柜等。配角色的搭配能够使空间产生动感、活跃的视觉印象。

要点
MAIN POINTS
配角色通常与主角色存在一些差异，以凸显主角色。配角色与主角色呈现对比，则显得主角色更为鲜明、突出，若与主角色临近，则会显得松弛。

▲ 黄色的主沙发与绿色的边几属于对比色，装饰效果活泼、靓丽

▲ 床头柜与床属于同一色相的搭配，效果协调、稳定

点缀色

点缀色指空间中一些小的配件及陈设的颜色，例如插花、摆件、灯具、靠枕、盆栽等，它们能够打破大面积色彩的单一性，起到调节氛围、丰富层次感的作用。作为点缀色的陈设不同，其背景色也是不同的，例如花瓶靠墙放置，背景色为墙；沙发上的靠垫背景色为沙发，参考背景色进行选择时也要照顾到整个空间，总的来说一个空间中的点缀色数量不宜过多。

要点
MAIN POINTS
点缀色如果与其背景色过于接近，则不易产生理想的效果；选择互补色或鲜艳的颜色，更容易产生灵动的效果。少数情况下，如果要求效果和谐，点缀色可选择与背景色靠近的色彩。

▲ 靓丽的抱枕和挂画为卧室增添了时尚气息

▲ 灰色的沙发上搭配鲜艳的靠垫，令客厅不再苍白、单调

背景色

配角色

家居空间色彩的
搭配类型

同相型、类似型配色

完全采用统一色相的配色方式被称为同相型配色，用邻近的色彩配色称为类似型配色。两者都能给人稳重、平静的感觉，通常会在居室的布艺织物的色彩上存在区别。

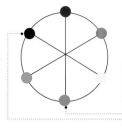

8 份差距的类似型

要点
MAIN POINTS

同相型配色限定在同一色相中，只做明度上的变化，具有闭锁感；类似型的色相幅度比同相型有所扩展，在 24 色相环上，4 份左右的为邻近色，同为冷暖色范围内，8 份差距也可归为类似型。

▲同相型：闭锁感，体现出执着感、稳定感。

▲类似型：色相幅度有所增加，更加自然、舒适

对决型、准对决型配色

对决型是指在色相环上位于 180 度相对位置上的色相组合，接近 180 度位置的色相组合就是准对决型。此两种配色方式色相差大，视觉冲击力强，可给人深刻的印象。

对决型

准对决型

24
20　4
16　8
12

色相环

对决型

准对决型

要点
MAIN POINTS

使用对决型配色方式可以营造出活泼、华丽的家居氛围，若为接近纯色调的对决型配色，则可以展现出充满刺激性的艳丽色彩印象。准对决型配色方式比对决型要缓和一些，兼具平衡感。由于对决型配色过于刺激，家居中通常采用准对决型配色方式。

▲对决型：充满张力，给人舒畅感和紧凑感

▲准对决型：紧张感降低，紧凑感与平衡感共存

三角型、四角型配色

在色相环上，能够连线成为正三角形的三种色相进行组合为三角型配色，如红、黄、蓝；两组互补型或对比型配色组合为四角型。三间色组成的三角型比三原色要缓和一些，四角型醒目又紧凑。

三角型

四角型

▲ 三角型：暗色调的红、黄、蓝三原色构成的三角型配色，令客厅显得更为沉稳

▲ 四角型：以红色作为背景色，蓝色作为主角色，黄色、绿色作为点缀色，色彩感觉更活跃

全相型配色

在色相环上，没有冷暖偏颇地选取 5 ~ 6 种色相组成的配色为全相型，它包含的色相很全面，形成一种类似自然界中的丰富色相，充满活力和节日气氛，是最开放的色相型。在客餐厅的配色中，全相型最多出现在沙发抱枕或餐具、挂画等软装上。

全相型配色淡色调效果

全相型配色明色调效果

全相型配色暗色调效果

▲ 明色调：六色相俱全的全相型配色将色彩自由排列，令客厅配色更具时尚气息

▲ 淡色调：淡雅的五种色相把卧室点缀得活泼、靓丽

家居色彩的**基本倾向**

纯色调

　　纯色调是没有加入任何黑、白、灰进行调和的最纯粹的色调，最为鲜艳，由于没有混杂其他颜色，所以给人感觉最活泼、健康、积极，具有强烈的视觉吸引力，比较刺激。

明色调

　　纯色调中加入少量白色形成的色调为明色调，鲜艳度比纯色调有所降低，但完全不含有灰色和黑色，所以显得更通透、纯净，给人以明朗、舒畅的感觉。

淡色调

　　纯色调中加入大量白色形成的色调为淡色调，纯色的鲜艳感被大幅度地减低，活力、健康的感觉变弱，同样没有加入黑色和灰色，显得甜美、柔和而轻灵。

浓色调

　　纯色调中加入少量的黑色形成的色调为浓色调，健康的纯色调加入黑色，表现出力量感和豪华感，与活泼、艳丽的纯色调相比，更显厚重、沉稳、内敛，并带有一点素净感。

明浊色调

　　淡色调中加入一些明度高的灰色形成的色调为明浊色调，具有都市感和高级感，能够表现出优美而素雅的感觉。

微浊色调

　　纯色调中加入少量灰色形成的色调为微浊色调，它兼具了纯色调的健康和灰色的稳定的特性，能够表现出具有素净感的活力，比起纯色调刺激感有所降低，很适合表现自然、轻松的氛围。

暗色调

　　纯色调中加入黑色形成的色调为暗色调，是所有色调中最为威严、厚重的色调，融合了纯色调的健康感和黑色的内敛感，能够塑造出严肃、庄严的空间氛围。

暗浊色调

　　纯色调中加入深灰色形成的色调为暗浊色调，兼具了暗色的厚重感和浊色的稳定感，给人沉稳、厚重的感觉，能够塑造出自然、朴素的氛围及男性色彩印象。

区分冷暖材质
打造不同空间感受

材质可分为冷材质和暖材质两种，相同的颜色放在不同质感的材质上，会呈现出差异。玻璃、金属给人冰冷的感觉，被称为冷材质；织物、皮草、地毯等具有保温效果，使人感觉温暖，被称为暖材质。木材、藤、草等介于冷暖之间，比较中性。

材质的冷暖改变色彩的感觉

当暖色附着在冷材质上时，暖色的温暖感就会减弱；反之，冷色附着在暖材质上时，冷色的冷硬感也会减弱。例如，橙色的玻璃花瓶要比同色的织物感觉冷一些；蓝色的织物则比蓝色的金属感觉要暖一些。

▲ 布艺织物有保温效果，为暖材质

▼ 实木、藤竹属于中性材质

▲ 玻璃、金属、陶瓷等有冰冷感，为冷材质

冷暖材质软装**速查表**

冷材质软装

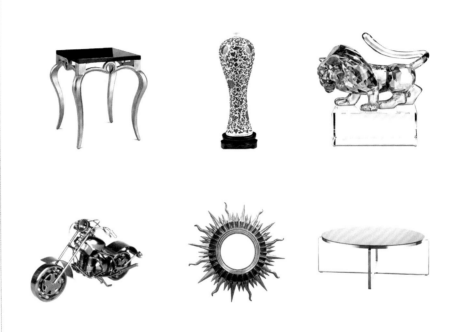

暖材质软装

软装**搭配秘笈**

▲ 玻璃茶几与冷色布艺令客厅显得非常凉爽

▲ 金属椅子令空间更具时尚感

夏季软装宜选冷材质

夏日家居软装要的便是透气、凉爽，因此宜选择冷材质。轻薄透气的纱制品、棉麻制品和凉爽的藤竹制品受到广泛欢迎。工艺品可选择铁艺、玻璃、石材等能给人带来冰凉触觉的材质。

冬季宜选暖材质

冬季气候寒冷干燥，宜选用触感柔软且温暖的羊毛、棉、针织等暖材质，来赶走冬日的严寒。另外，工艺品也要避免选用金属、玻璃等冰冷的材质，可以搭配天然的陶制、藤竹等质朴的材质，令居室更显温馨。

◀温暖的羊毛床品令冬季不再寒冷

中性材质令居室更温馨

中性材质很多取自自然，与人更为亲近。书房是读书写字或工作的地方，需要宁静、沉稳的感觉，人在其中才不会心浮气躁。书房采用大量的木制品和藤竹制品时，可突显书房的雅静，令人读书更专心。

▲ 深色木纹的家具令书房静谧、安逸

▼ 轻巧的木质书桌展现清新自然风

第二章
为家居增色的软装单品

第一节

实用性软装单品

实用性软装是家庭中必不可少的。它不仅能满足日常生活的需求，同时也带有一定的装饰效果，是实用性与装饰性相结合的软装元素。常见的实用性软装包括家具、灯具、布艺织物、餐具等。

家居软装**配饰需协调**

▲ 乡村风情的室内非常适合搭配小型花卉插花

软装配饰要与家居的风格相呼应

举例来说，如果家装偏向于现代，那么在选择装饰品的时候，就不要受太多复古风格的影响；如果田园风格的家居中放置了冷酷的金属制品，显然不协调，也不美观。

▲ 红色的仿古台灯令中式风的卧室更加静谧

软装配饰要与家居的颜色相协调

配饰周围的色彩是确定配饰颜色的依据。常用方法有两种，一是配和谐色，二是配对比色。较为接近的颜色为和谐色，如红色配橙色、白色配灰色等。对比强烈的颜色为对比色，如白色配黑色、蓝色配黄色等。

▲ 空间整体采用蓝绿色系，搭配甜美的花色，令空间呈现出独特的春日气息

强调配饰本身的特点

　　摆放的位置要显眼，因为美丽是要和大家一起欣赏和分享的。要起到画龙点睛的作用，与居室风格相协调的配饰能使整个居室满堂生辉。要展现格调，它们会在不经意间透露出主人的喜好和审美。

▲ 藤制贮藏家具展示出空间的自然美

软装饰品配色应避免混乱

　　多种色彩的配饰搭配能够使空间看起来活泼并具有节日氛围，但若搭配不恰当，活力过强，反而会破坏整体配色效果，造成混乱感。最简便的处理方法便是突出主角色的纯度。此方式是使主角色变得明确的最有效的方式，当主角色变得鲜艳，在视觉中就会变得强势，自然会占据主体地位。比如换纯度高的沙发套，为餐桌搭配色彩鲜艳的桌旗或桌布等。

▲ 色彩艳丽的沙发成为配色的主体

为居室带来
万种风情的布艺织物

布艺织物是室内装饰中常用的物品，能够柔化室内空间生硬的线条，赋予居室新的感觉和色彩。同时还能降低室内的噪声，减少回声，使人感到安静、舒心。其分类方式有很多，如按使用功能、空间、设计特色、加工工艺等。室内常用的布艺包括窗帘、地毯等。

▲ 布艺沙发与各色抱枕形成一道亮丽的风景

家居空间常用布艺织物

家居空间	常用布艺织物
客厅	布艺沙发、沙发套、沙发扶手巾、沙发靠背巾、抱枕、茶几垫、座椅垫、座椅套、电视套、地毯、布艺窗帘、挂毯等
餐厅	桌布、餐垫、餐巾、杯垫、餐椅套、餐椅坐垫、桌椅脚套、餐巾纸盒套、咖啡帘等
卧室	床上用品、帷幔、帐幔、地毯、布艺窗帘、挂毯等
厨房	隔热垫、隔热手柄套、微波炉套、饭煲套、冰箱套、厨用窗帘、茶巾等
卫浴	马桶坐垫、马桶盖套、马桶地垫、卫生卷纸套等

布艺织物的搭配要分层次

室内纺织品因各自的功能特点，在客观上存在着主次的关系。通常占主导地位的是窗帘、床罩、沙发布，第二层次是地毯、墙布，第三层次是桌布、靠垫、壁挂等。第一层次的纺织品类是最重要的，它们决定了室内纺织品总的装饰格调；第二和第三层次的纺织品从属于第一层，在室内环境中起呼应、点缀和衬托的作用。正确处理好它们之间的关系，是使室内软装饰主次分明，宾主呼应的重要手段。

▲ 沙发和抱枕颜色靓丽，所以地毯花色素净，起到了很好的衬托作用

▲ 红蓝色系的床品温暖舒适，令白色系的卧室不会过于单调

Designer 设计师 **微课堂**

陈秋成
苏州周晓安空间装饰设计有限
公司设计师

选择布艺产品
应注意的要点

选择布艺产品，主要是对其色彩、图案、质地进行选择。

在色彩和图案上，要根据家具的色彩、风格来选择，使整体居室和谐完美。

在质地上，要选择与其使用功能相一致的材质，例如卧室宜选用柔和的纯棉织物，厨房则选用易清洁的面料。

布艺织物功能**速查表**

窗帘

窗帘具有保护隐私、调节光线和室内保温的功能，另外厚重、绒类布料的窗帘还可以吸收噪声，在一定程度上有遮尘防噪的效果

床上用品

床上用品是卧室中非常重要的软装元素。根据季节更换不同颜色和花纹的床上用品，可以很快地改变居室的整体氛围

家具套

家具套多用在布艺家具上，特别是布艺沙发，主要作用是保护家具并增加装饰性。材料多为棉、麻，色彩款式多样，适合各种风格的家具

壁挂

壁挂是挂在墙壁上的一种装饰性织物。它以各种纤维为原料，采用传统的手工编织、刺绣、染色技术，来表达具有内涵的装饰性内容，是一种具有艺术性的软装饰

枕、垫类

靠枕、枕头和床垫是卧室中必不可少的软装饰，此类软装饰使用方便、灵活，可随时更换图案。特别是靠枕，可用在床上、沙发或者直接用来作为坐垫使用

地毯

最初地毯用来铺地御寒，随着工艺的发展，成了高级装饰品，能够隔热、防潮，具有较高的舒适感，同时兼具美观

床上用品材质**速查表**

具有吸湿、保湿、耐热、耐碱、卫生等特点，但容易皱、易锁水、易变形。可分为平纹和斜纹两种织法

属于混纺纤维，是用部分天然纤维和化学纤维混纺而成的，色牢度好、色彩鲜艳、保形效果好，比较耐用。易起球、起静电、亲和力较差

亚麻类床上用品具有独特的卫生、护肤、抗菌、保健功能，并能够改善睡眠质量。它纤维强度高，有良好的着色性能，具有生动的凹凸纹理

真丝类床品吸湿性、透气性好、静电小。蚕丝中含有20多种人体需要的氨基酸，可以使皮肤变得光滑润泽

腈纶外表颜色鲜艳明亮，具有"人造羊毛"之称。质感、保暖性和强度都比羊毛要高，同时具有很好的复原性能

竹纤维享有"会呼吸的生态纤维"的美称，具有超强的抗菌性，且吸水、透气、耐磨性都非常好，还能防螨虫、防臭、抗紫外线

枕芯材料**速查表**

乳胶

乳胶枕弹性好，不易变形、支撑力强。对于骨骼正在发育的儿童来说，可以改变头形，而且不会有引发呼吸道过敏的灰尘、纤维等过敏源

慢回弹

慢回弹也叫记忆棉，能够吸收冲击力，枕在上面皮肤感觉没有压迫。还可以抑制霉菌生长，驱除霉菌繁殖生长产生的刺激气味，吸湿性能绝佳

决明子

决明子天然理疗用途较多，利于降压、通便、减肥等。另外决明子特有凉爽特性，夏天使用特别舒适

寒水石

寒水石枕是以寒水石为填充物做枕芯的枕头，寒水石性寒，吸湿热，有助眠功效。是集磁疗、理疗和药疗为一体的养生枕头

荞麦

荞麦具有坚韧不易碎的菱形结构，而荞麦皮枕可以随着头部左右移动而改变形状。清洁的方法是定期放在太阳下照射，其缺点则是可塑性较差，很难贴合人体曲线

羽绒

羽绒枕蓬松度较佳，可给头部提供较好的支撑，也不会因使用久了而变形。而且羽绒有质轻、透气、不闷热的优点

地毯材料**速查表**

羊毛地毯以羊毛为主要原料，毛质细密，具有天然的弹性，受压后能很快恢复原状；不带静电，不易吸尘土，具有天然的阻燃性

混纺地毯掺有合成纤维，价格较低。花色、质感和手感上与羊毛地毯差别不大，但克服了羊毛地毯不耐虫蛀的缺点，同时具有更高的耐磨性

化纤地毯也叫合成纤维地毯，它是用簇绒法或机织法将合成纤维制成面层，再与麻布底层缝合而成。化纤地毯耐磨性好并且富有弹性，价格较低

塑料地毯采用聚氯乙烯树脂、增塑剂等混炼、塑制而成。质地柔软，色彩鲜艳，舒适耐用，不易燃烧且可自熄，不怕湿，经常在浴室使用，起防滑作用

草织地毯主要由草、麻、玉米皮等材料加工漂白后纺织而成。乡土气息浓厚，适合夏季铺设。但易脏、不易保养，经常下雨的潮湿地区不宜使用

最初因其外观如同草坪，所以又称草皮织物。在机制地毯中，簇绒地毯有类似手工栽绒地毯的效果，弹性和牢度较好。簇绒地毯还可以采用印花、提花工艺，应用广泛

组织与
分隔空间的家具

家具是室内设计中的一个重要组成部分，是陈设中的主体。相对抽象的室内空间而言，家具陈设是具体生动的，形成了对室内空间的二次创造，起到了识别空间、塑造空间、优化空间的作用，进一步丰富了室内空间内容，具象化了空间形式。一个好的室内空间应该是环境协调统一，家具与室内融为一体，不可分割。

家具与室内的关系

室内是家具的载体，家具是室内设计内涵的体现和空间的点缀。一方面家具设计的尺寸必须以实际室内尺寸为依据；另一方面家具的造型风格受到室内风格的制约。

▲ 亮色系的实木茶几为客厅增添一抹亮色

▲ 简欧风格家具把空间衬托得更加唯美

应坚持宁少勿多，宁缺毋滥的原则

家具设计是在室内空间的墙、地、吊顶确定后，或在界面的装修过程中完成，如书柜、衣橱、酒柜等，或成品选购家具布置在室内，成为整个室内空间环境功能的主要构成要素和体现者。家具的重要作用还体现在所占空间的面积。据调查，一般使用的房间，家具占总面积的35% ~ 40%，在家庭住宅的小居室中，家具占总面积可达到55% ~ 60%。

◀ 黄色单人椅的组合令空间更为舒适

家具的实用功能

1. 分隔空间的作用

　　选择或设计室内家具时要根据室内空间的大小决定家具的体量大小，可参考室内净高、门窗、窗台线、墙裙等。如在大空间选择小体量家具，显得空荡且小气，而在小空间中布置大体量家具则显得拥挤和阻塞。

2. 组织空间的作用

　　一个过大的空间往往可以利用家具划分成许多不同功能的活动区域，并通过家具的安排去组织人的活动路线，使人们根据家具安排的不同区域选择个人活动和休息的场所。

3. 填补空间的作用

　　在空旷的房间的角落里放置一些花几、条案等小型家具，以求得空间的平衡。既填补了空旷的角落，又美化了空间。

家具**功能速查**

坐卧家具

坐卧家具也叫支撑类家具，是最早产生的一种家具。此类家具能够满足人们日常的坐卧需求，包括凳类、椅类、沙发类、床类等

贮藏家具

贮藏家具是用来陈放衣物、被褥、书籍、食品、器皿、用具或展示装饰品等的家具。包括衣柜、五斗柜、床头柜、书柜、文件柜、台视柜、装饰柜等

凭椅家具

凭椅家具是供人们倚凭、伏案工作，同时也兼有收纳物品功能的家具。它包括两类：写字台、餐桌等台桌类；茶几、条几、花架、炕几等几架类

陈列家具

陈列家具的作用是展示居住者收集的一些工艺品、收藏品或书籍，包括博古架、书架、展示架等。很适合有收藏爱好的居住者

装饰性家具

装饰性家具是具有很强的装饰性的家具，表面通常带有贴面、涂饰、烙花、镶嵌、雕刻、描金等装饰性元素。可以作为一种艺术品装点家居环境

多功能家具

多功能家具是在具备传统家具初始功能的基础上，实现其他新设功能的现代家具类产品，例如旋转餐桌、折叠沙发椅，这种家具非常适合小户型使用

家具**材质速查**

实木家具

实木家具 是直接采集天然木质加工制成的，易于加工、造型和雕刻。具有独特的纹理和温润的质感，是其他材料无法代替的

皮质家具

皮制家具质地柔软、透气、保暖性能佳，能够给予人最舒适的感受，分为仿皮、环保皮、超纤皮、真皮几种类型，其中真皮质感最佳

板式家具

绝大部分的板式家具采用仿木纹，具有一些实木的表象，但价格比实木低，好保养，是主流的木家具

软体家具

软体家具是以木质材料、金属等为框架，表面以皮、布、化纤面料包覆制成的家具，其特点是以软体材料为主，表面柔软

编织家具

编织家具是轻便、舒适，色彩雅致，有一种纯朴自然的美感。但藤竹家具似乎不如钢制、木制家具那么结实，需要注意保养

布艺家具

布艺家具具有优雅的造型、多变的图案和柔和的质感，且可清洗、可更换布套，清洁维护或居家装饰十分方便并富变化性

彰显不同**饮食意境的餐具**

餐具是餐厅中重要的软装部分，精美的餐具能够让人感到赏心悦目，增进食欲，讲究的餐具搭配更能够从细节上体现居住者的高雅品位。素雅、高贵、简洁或繁复的不同颜色及图案的餐具搭配，能够体现出不同的饮食意境。

中餐桌的布置

骨碟离身体最近，正对领带餐布一角压在骨碟之下，一角垂落桌沿，骨碟左侧放手巾，左前侧放汤碗，小瓷汤勺放在碗内。汤碗右侧放味碟，味碟前方放茶杯，茶杯右侧放酒杯。骨碟右侧放筷架、筷子和牙签，筷架右前方放置烟灰缸。

中餐中的骨碟是作为摆设使用的，用来压住餐布的一角，没有其他用途，用骨碟来盛放东西是不合餐桌礼仪的。

味碟在骨碟上方，用来盛放吃剩下的骨、壳、皮等垃圾。味碟里没有垃圾或者垃圾很少的情况下，也可以用来暂放用筷子夹过来的菜。

在茶杯上方放置公用勺，公用勺上方放置公用筷，以此来给客人夹菜。

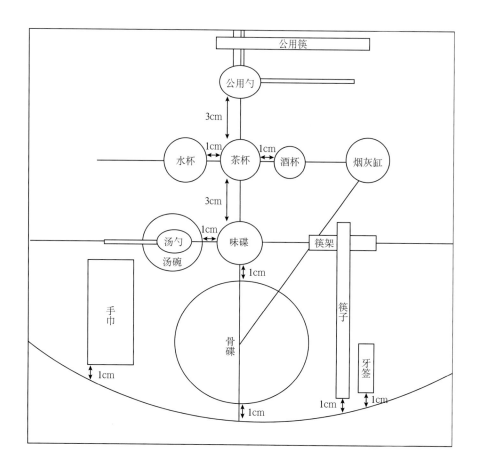

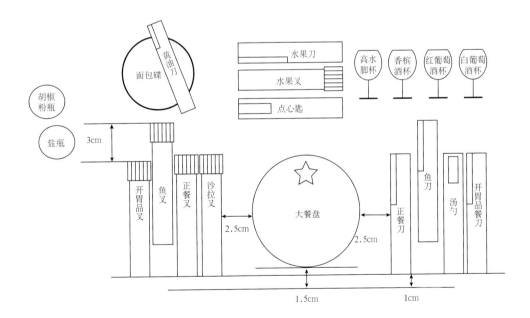

西餐桌的布置

大餐盘位于餐桌的中央。面包碟被放置在大餐盘左侧、餐叉的上方，同时还会在其上放置黄油刀，其手柄斜对着客人。

将高脚水杯放置在客人正餐刀的上方，将香槟酒杯放置在水杯和葡萄酒杯之间。

将沙拉叉放置在大餐盘左侧约2.5厘米的地方，将正餐叉放置在沙拉叉的左边，鱼叉放置在正餐叉的左边。

将正餐刀（如果有肉菜的话，也可以放主菜刀）放置在大餐盘右侧约2.5厘米的地方，将鱼刀放置在正餐刀的右边。汤勺或者是开胃品餐刀置于餐盘右侧，刀具的右边。

甜点餐叉（或者勺子）可以水平放置在大餐盘前方，也可以在供应甜点时再拿给客人。

盐瓶位于胡椒粉瓶的右下方，胡椒粉瓶位于盐瓶的左上方，两者略成角度。一般将盐瓶和胡椒粉瓶置于餐桌的左上角或右上角。

中餐餐具**速查表**

盘子

中餐餐具中的盘子属于主要餐具，包括大盘、12 寸（1 寸约等于 3.3 厘米）鱼盘、10 寸盘、8 寸深盘、8 寸浅盘等

碗

碗是日常中不可缺少的饮食器皿，中餐中的碗是用来盛放主食、汤羹等食物的。正统的中式碗形状为圆形，少数为方形

品锅

品锅，是一种带盖、大尺寸、大容量食器。主要用于盛装主菜、汤菜，在中餐餐桌上应摆在正中央的位置上

筷子

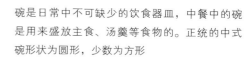

筷子，可以说是中国的国粹。它既轻巧又灵活，在世界各国的餐具中独树一帜，它是中餐中不可缺少的餐具，通常配合筷架一起使用

汤勺

汤盅也叫炖盅，仅用来盛放汤品，不盛放菜品。它的个头比较小，通常直接用它来炖菜而后直接上桌

勺子

中餐中的勺子主要指喝汤盛饭用的工具，也叫汤匙。正式一些的聚餐中，勺子通常使用陶瓷类或金属类

西餐餐具**速查表**

餐盘

西餐中的盘子包括展示平盘（12.5寸）、沙拉盘（8.5寸）、牛排平盘（10.5寸）、深汤盘（9～11.6寸）、面包平盘或黄油平盘（6.5寸）和甜品平盘（7.5寸）

餐巾

西餐中餐巾不仅具有实用性，还可以暗示着宴会的开始和结束。餐巾应放在盘子里，如果是早、午餐没有底盘的情况，餐巾就放在盘子旁边，置于刀叉的中间位置

杯子

西餐中杯子包括有水杯、香槟酒杯、红酒杯、鸡尾酒杯、高球杯、威士忌酒杯等。前三种需要在布置餐桌时就摆放在桌面上，其他几种不需摆放，主要材料为玻璃杯

壶

西餐壶分为水壶和咖啡壶两种类型。水壶一般尺寸要比咖啡壶大一些，咖啡壶通常带有精美的图案，与杯子一起可以作为装饰品

咖啡杯

用来盛放咖啡的杯子，主要材料为陶瓷，通常都与咖啡壶为配套产品。咖啡杯下方会带有咖啡碟，是为了方便放置咖啡杯，比较美观

刀、叉、匙

一般右手持刀或汤匙，左手拿叉。当有两把以上的刀叉时，应由最外依次向内取用

展现居室
情调的灯具

灯具在家居空间中不仅具有装饰作用，同时兼具照明的实用功能。灯具应讲究光、造型、色质、结构等总体形态效应，是构成家居空间效果的基础。造型各异的灯具，可以创造出与众不同的家居环境；而灯具散射出的灯光既可以营造气氛，又可以加强空间感和立体感，可谓是居室内最具魅力的情调大师。

灯具应与家居环境装修风格相协调

灯具的选择必须考虑到家居装修的风格，如墙面的色泽以及家具的色彩等，否则灯具与居室的整体风格不一致。如家居风格为简约风格，就不适合繁复华丽的水晶吊灯；室内墙纸色彩为浅色系，理当以暖色调的节能灯为光源，营造出明亮柔和的光环境。

▲ 金色壁灯营造出欧式风格的奢华氛围

▶ 时尚的现代风格适合个性的灯具来装点

设计师微课堂

李文彬
武汉桃弥设计工作室设计总监

灯具大小要结合室内面积

家居装饰灯具需根据室内面积来选择，如 12 平方米以下的居室宜采用直径为 20 厘米以下的吸顶灯或壁灯，灯具数量、大小应配合适宜，以免显得过于拥挤；15 平方米左右的居室应采用直径为 30 厘米左右的吸顶灯或多叉花饰吊灯，灯的直径最大不得超过 40 厘米。

利用灯光令大空间具有私密性的方法

较宽敞的空间可以将灯具安装在显眼位置，并令其能 360 度照射到各个角落。

使大空间获得私密感，可利用朦胧灯光的照射，使四周墙面变暗，并用射灯凸显展品。

采用深色的墙面，并用射灯集中照射展品，会减少空间的宽敞感。

用吊灯向下投射，则使较高的空间显低，获得私密性。

◀欧式家居的面积往往较大，相对较高的层高会令空间显得空旷；不妨选择大型的水晶吊灯来做装饰，既有华丽感，又在视觉上降低了层高

利用灯光将小空间变得宽敞的方法

较小的空间应尽量把灯具藏进吊顶。

用光线来强调墙面和吊顶，会使小空间变大。

用灯光强调浅色的反向墙面，会在视觉上延展一个墙面，从而使较狭窄的空间显得较宽敞。

用向上的灯光照在浅色的表面上，会使较低的空间显高。

▶利用射灯作为照射光源，简洁的式样不会令空间产生繁复之感；而映射下来的光线照射在墙面上，还会起到放大空间的作用

灯具功能**速查表**

吊灯

吊灯为吊装在室内吊顶上的装饰照明灯。最佳的安装高度为其最低点离地面不小于 2.2 米。适用空间为客厅、餐厅、卧室

吸顶灯

可以直接安装在天花板上，安装简单，重量轻，款式大方，能够为居室增加明快、清朗的感觉，常见造型有方罩、圆球形、垂帘式等

台灯

台灯的光亮照射范围相对比较小且集中，不会影响到整个房间的光线，作用局限在台灯周围，便于阅读、学习，节省能源

落地灯

落地灯作为局部照明，强调移动的便利性，对于角落气氛的营造十分有效。光线直接向下投射，适合阅读等需要精神集中的活动

壁灯

安装在墙上的灯具，最常用于客厅、卧室、过道或卫浴间等家居空间中，其灯泡的安装高度应离地面不小于 1.8 米

筒灯、射灯

光线柔和，既可对整体照明起主导作用，又可用于局部采光，烘托气氛。常用于吊顶四周、家具上部、墙内和墙裙

灯具材质**速查表**

水晶灯具

水晶外观晶莹，能够增强光亮度，极富装饰性，体现优雅和档次感。用水晶吊灯装饰客厅，既大气又精美绝伦

不锈钢灯具

不锈钢为主材的灯具一般是以线形设计为主，造型曲线流畅、明快，具有强烈的现代气质，非常适合搭配简约、现代或后现代风格的家居空间

铁艺灯具

铁艺灯具款式以壁灯、吊灯和台灯为主，造型古朴大方、凝重严肃。它源自欧洲古典风格艺术，所以多具有欧式特征。灯罩多以暖色为主，彰显典雅与浪漫

树脂灯具

树脂灯一般都是装饰性灯具，它是以树脂为原材料，塑形成各种不同的形态造型。树脂灯颜色多样，造型非常丰富、生动、有趣

布艺灯具

布艺灯具也叫蕾丝灯，灯罩上多配以精美的绢花和蕾丝花边。这类灯的底座以水晶和树脂材料为主，最常见于台灯和落地灯

亚克力灯具

亚克力是一种有机玻璃，具有较好的透明性和化学稳定性，加工性能优异。以其外观优美、造型和花样多、不易碎的特点，逐渐取代了玻璃灯罩

第二节

装饰性软装单品

　　装饰性软装不仅可以烘托环境气氛，还可以强化室内空间特点，增添审美情趣，实现室内环境整体的和谐统一。常见的装饰性软装包括装饰画、工艺品、装饰花艺、绿色植物等。

为空间增添
活力的工艺品

工艺品是通过手工或机器将原料或半成品加工而成的有艺术价值的产品。工艺品来源于生活，又创造了高于生活的价值。在家居中运用工艺品进行装饰时，要注意不宜过多、过滥，只有摆放得当、恰到好处，才能拥有良好的装饰效果。

小型工艺品可成为视觉焦点

小型工艺饰品是最容易上手的布置单品，在开始进行空间装饰的时候，可以先从此着手进行布置，增强自己对家饰的感觉。小的家居饰品往往会成为视觉的焦点，更能体现居住者的兴趣和爱好。例如彩色陶艺等可以随意摆放的小饰品。

◀独具古韵的小型工艺品成为空间的点睛之笔

工艺品与灯光相搭配更适合

工艺品摆设要注意照明，有时可用背光或色块做背景，也可利用射灯照明增强其展示效果。灯光颜色的不同，投射方向的变化，可以表现出工艺品的不同特质。暖色灯光能表现柔美、温馨的感觉；玻璃、水晶制品选用冷色灯光，则更能体现晶莹剔透、纯净无瑕。

▶温暖的黄色灯光把古朴的装饰品点缀得更具厚重感

摆放式布置技巧

　　一些较大型的反映设计主题的工艺品，应放在较为突出的视觉中心的位置，以起到鲜明的装饰效果。在一些不引人注意的地方，也可放些工艺品，从而丰富居室表情。摆放工艺品时，要注意尺度和比例，随意地填充和堆砌，会产生没有条理的感觉。

▶ 茶几上的大型青花瓷瓶令客厅更具雅致感

悬挂式布置技巧

　　此种方式适合能够悬挂的工艺品，例如同心结、挂画、钟表等。恰当的悬挂位置为能够增加装饰性的墙面，例如装饰柜上方、沙发上方、床头背景墙等位置。小件悬挂工艺品的颜色可以艳丽些，大件的要注意与居室环境色调的协调。

▶ 金属工艺品提升了空间的时尚感

工艺品材质**速查表**

木雕工艺品

以实木为原料雕刻而成的装饰品，是雕刻家心灵手巧的产物，具有较高的观赏价值和收藏价值。适合中式及自然类风格

水晶工艺品

水晶工艺品具有晶莹剔透、高贵雅致的特点，具有实用价值和装饰作用。适合现代风格及具有高雅气息的欧式居室

编织工艺品

编织工艺品是将植物的枝条、叶、茎、皮等加工后，用手工编织而成的工艺品。编织工艺品具有天然、朴素、清新的艺术特色

玻璃工艺品

玻璃工艺品外表通透、多彩、纯净、莹润，可以起到反衬和活跃气氛的效果。较适合现代以及华丽风格的家居使用

铁制工艺品

以铁为原料的工艺品类型，用人工打造，焊接塑形，通过烤漆、喷塑、彩绘等多道工序组合而成，做工精致，设计美观大方

陶瓷工艺品

陶瓷工艺品大多制作精美，即使是近现代的陶瓷工艺品也具有极高的艺术价值。陶瓷工艺品的款式繁多，以人物、动物或瓶件为主

绒沙金工艺品

以金、银、铜等贵金属以及高分子混合材料为原料，通过多道工序制成的工艺品，表面是纯度很高的贵金属。此类工艺品适合与红色系的家具搭配，具有富贵、华丽的效果

铜工艺品

现代铜工艺品多为黄铜制品，主要加工方式为雕塑，多为人物、动物等摆件以及花瓶、香炉等用品

不锈钢工艺品

不锈钢工艺品属于特殊的金属工艺品，比较结实、质地坚硬、耐氧化、无污染、对人体无害，较适合现代风格和简欧风格

玉石工艺品

玉石工艺品以佛像、动物和山水为主，多带有中国特有的美好含义或寓意，大部分都带有木质底座

石材工艺品

石材雕塑讲究造型逼真，手法圆润细腻，纹式流畅洒脱。家居石雕的主要原料为大理石，质地坚硬，多以人物、动物为主题

树脂工艺品

树脂工艺品不但可以制成山水、人物、卡通形象，还能呈现各种仿真效果，包括仿金属、仿水晶、仿玛瑙等

提升家居格调的
装饰画

　　装饰画属于一种装饰艺术，给人带来视觉美感、心灵的愉悦。同时装饰画也是墙面装饰的点睛之笔，白色的墙面，仅搭配几幅装饰画就会变得生动起来。

要给墙面适当留白

　　选择装饰画时首先要考虑悬挂墙面的空间大小。如果墙面有足够的空间，可以挂置一幅面积较大的装饰画；当空间较局促时，则应当考虑面积较小的装饰画，这样才不会令墙面产生压迫感，同时恰当的留白也可以提升空间品位。

◀蓝色的风景画与墙面的白色相互映衬，形成独特的新中式韵味

装饰画应坚持宁少勿多，宁缺毋滥的原则

　　装饰画在一个空间环境里形成一两个视觉点即可。如果同时要安排几幅画，必须考虑它们之间的整体性，要求画面是同一艺术风格，画框是同一款式，或者相同的外框尺寸，使人们在视觉上不会感到散乱。

▶简洁的黑白装饰画使卧室散发出唯美气息

装饰画的摆放方式

1. 对称式

　　对称式是最保守、最简单的墙面装饰手法。将两幅装饰画左右或上下对称悬挂，便可达到装饰效果，适合面积较小的区域，画面内容最好为同一系列。

2. 重复式

　　面积相对较大的墙面可采用重复式。将三幅造型、尺寸相同的装饰画平行悬挂，成为墙面装饰。图案包括边框应尽量简约，浅色及无框款式更为适合。

3. 水平线式

　　在若干画框的上缘或下缘设置一条水平线，在这条水平线的上方或下方组合大量画作。若想避免产生呆板的印象，可将相框更换成尺寸不同、造型各异的款式。

4. 方框线式

　　在墙面上悬挂多幅装饰画可采用方框线挂法。先根据墙面情况，勾勒出一个方框形，以此为界，在方框中填入画框，可以放四幅、九幅甚至更多幅装饰画。

5. 建筑结构线式

　　依照建筑结构来悬挂装饰画，使其成为看以柔和的建筑空间中的硬线条。例如在楼梯间，可以楼梯坡度为参考线悬挂一组装饰画，将此处变成艺术走廊。

装饰画类别**速查表**

中国画

中国画具有清雅、古逸的意境，特别适合与中式风格装修居室搭配。中国画常见的形式有横、竖、方、圆、扇形等，可创作在纸、绢、帛、扇面、陶瓷、屏风等材质上

油画

油画具有丰富的色彩变化，透明、厚重的层次对比，变化无穷的笔触及坚实的耐久性。油画题材一般为风景、人物和静物，是装饰画中最具有贵族气息的一种

摄影画

摄影画是近现代出现的一种装饰画，画面包括"具象"和"抽象"两种类型。根据画面的色彩和主题的内容，搭配不同风格的画框，可以用在多种家居风格之中

水彩画

水彩画是用水调和透明颜料作画的一种绘画方法，与油画一样都属于西式绘画方法。具有通透、清新的感觉

工艺画

工艺画是指用各种材料通过拼贴、镶嵌、彩绘等工艺制作成的装饰画。其品种比较丰富，主要包括壁画、挂屏、屏风等艺术欣赏品

丙烯画

丙烯画是用丙烯颜料做成的画作，色彩鲜艳、色泽鲜明，干燥后为柔韧薄膜，抗自然老化，不褪色，不变质脱落，具有非常高级的质感

装饰画材料**速查表**

实木框

实木画框特点是重量重、质地硬、但不能弯曲，质感低调、质朴，造型为平板式或带有雕刻，颜色多为木本色或彩色油漆

金属框

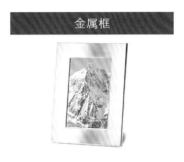

金属画框的主要制作材料为金属，包括不锈钢、铜、铁、铝合金等。或现代或古朴、厚重，可低调、可奢华，可选择性较多

塑料框

以塑料为原料制成的画框，款式和颜色非常多，各种其他画框难以达到的造型，是比较经济的一种画框

无框

以无框的表现形式，使装饰画表现出时尚、现代、无拘无束的个性，能够增添活力。套画多拼的形式是现代装饰的潮流。减少了画框成本，更加经济

树脂框

以树脂为原料制成的画框，与塑料画框一样都是采用压制成型。可以仿制很多其他材料的质感，例如金属，且非常逼真，质地坚硬，形状和颜色较多

亚克力框

亚克力也叫有机玻璃，具有较好的透明性、化学稳定性，易染色，易加工，外观优美，很适合制作摆台、相框

塑造有氧空间的
绿色植物

绿植为绿色观赏观叶植物的简称，因其耐阴性能强，可作为室内观赏植物在室内种植养护。在家居空间中摆放绿植不仅可以起到美化空间的作用，还能为家居环境带入新鲜的空气，塑造出一个绿色有氧空间。

绿植在家居中的摆放不宜过多、过乱

室内摆放植物不要太多、太乱，不留空间。一般来说居室内绿化面积最多不得超过居室面积的 10%，这样室内才有一种扩大感，否则会使人觉得压抑；植物的高度不宜超过 2.3 米。另外，在选择花卉造型时，还要考虑家具的造型，如在长沙发后侧，摆放一盆高而直的绿色植物，就可以打破沙发的僵直感，产生一种高低变化的节奏感。

▶ 角落里可摆放大型的绿植，既美化空间，又不会遮挡视线

避免种植芳香花卉和有毒花卉

一些过于芳香的花卉，不适宜在家居空间内种植，如茉莉、柠檬、米兰。虎刺梅、变叶木、光棍树、霸王鞭、一品红等大戟科植物和夹竹桃、长春花、玻璃翠等夹竹桃科植物，都含有对人体有毒的生物碱，应坚决避免在居室内种植。

▲ 清新淡雅的小型绿植可令空间倍显生气

根据居室朝向选择绿植

朝南居室：南窗每天能接受 5 小时以上的光照，下列花卉能生长良好、开花繁茂：君子兰、百子莲、金莲花、栀子花、茶花、牵牛、天竺葵、杜鹃花、月季、郁金香、水仙、风信子、冬珊瑚等。

朝东、朝西居室：适合仙客来、文竹、天门冬、秋海棠、吊兰、花叶芋、金边六雪、蟹爪兰、仙人棒类等绿植。

朝北居室：适合棕竹、常春藤、龟背竹、豆瓣绿、广东万年青、蕨类等绿植。

▲ 居室阳光充足可摆放各类喜阳植物

▼ 厨房、卫生间等阴暗潮湿的房间，建议放置喜阴植物

植物功能**速查表**

吸毒净化空气型

一些绿色植物可以有效地吸收由房屋装修而产生的有毒的化学物质,比如:吊兰、一叶兰、龟背竹能吸收甲醛;而金鱼草、牵牛花、石竹能吸收二氧化硫

增加湿度防上火型

在室内种植一些对水分有高度要求的绿植,比如绿萝、常春藤、杜鹃、蕨类植物等,会使室内的湿度以自然的方式增加,成为天然的加湿器

天然吸尘型

花叶芋、平安树、仙人掌、虎皮兰等是天然的除尘器,它们植株上的纤毛能吸附空气中飘浮的微粒及烟尘

杀菌消毒保健康型

紫薇、茉莉、柠檬等植物的花和叶片,5分钟内就可以杀死白喉菌和痢疾菌等原生菌。蔷薇、石竹、铃兰、紫罗兰等植物散发的香味对结核菌、肺炎球菌的生长繁殖具有明显的抑制作用

制造氧气和负离子型

仙人掌类多肉植物的肉质茎上的气孔白天关闭,夜间打开,所以在白天释放二氧化碳,夜间则吸收二氧化碳,释放出氧气,这种植物可以养在卧室里,令空气更清新

观赏植物

家居观赏植物是专门供观赏的植物,一般都有美丽的花、奇特的叶或者是形态非常奇特。多数都有美化环境、改善环境和调节人体健康的功能。直立形的可落地摆放;匍匐形的,可采用悬吊式布置

植物布置方式**速查表**

陈列式

陈列式包括点式、线式和片式三种。点式即将盆栽植物置于桌面、茶几、窗台及墙角，构成绿色视点。线式和片式是将一组盆栽植物摆放成一条线或规则式的片状图形

攀附式

大厅和餐厅等室内某些区域需要分割时，可采用攀附植物隔离，或通过某种条形或图案花纹的栅栏再附以攀附植物。需要注意的是，攀附植物与攀附材料在形状、色彩等方面要协调

吊挂式

在窗前、墙角、家具旁吊放有一定体量的阴生悬垂植物，可改善室内人工建筑的生硬线条和枯燥单调感，营造生动活泼的空间立体美感

壁挂式

采用壁挂式需预先在墙上设置局部凹凸不平的墙面和壁洞，供放置盆栽植物；或砌种植槽，然后种上攀附植物，使其沿墙面生长，形成室内局部绿色的空间

栽植式

栽植式装饰方法多用于室内花园及室内大厅堂有充分空间的场所。栽植时，多采用自然式，即平面聚散相依、疏密有致，并使乔灌木及草本植物和地被植物组成层次

迷你型

迷你型观叶植物配植在不同容器内，摆置或悬吊在室内适宜的场所。在布置时，要考虑如何与生活空间内的环境、家具、日常用品等相搭配

富有诗情画意的
装饰花艺

装饰花艺是指将剪切下来的植物的枝、叶、花、果作为素材，经过一定的修剪、整枝、弯曲等技术加工和构思、造型、配色等艺术加工，重新配置成一件精致完美、富有诗情画意，能再现自然美和生活美的花卉艺术品。花艺设计包含了雕塑、绘画等造型艺术的所有基本特征。

▲ 错落有致的花束搭配，带给人热情奔放的感受

▼ 淡雅的粉色调插花如一股清流，令客厅更具清雅气息

色彩调和是插花艺术构图的重要原则之一

花艺设计中的色彩调和就是要缓冲花材之间色彩的对立矛盾，在不同中求相同、通过不同色彩花材的相互配置，相邻花材的色彩能够和谐地联系起来，互相辉映，使插花作品成为一个整体而产生一种共同的色感。

插花用色要耐看且符合插花人审美情趣

插花的用色不仅是对自然的写实，而且是对自然景色的夸张升华。插花使用的色彩，首先要能够表达出插花人所要表现出的情趣，或鲜艳华美，或清淡素雅。其次，插花色彩要耐看：远看时进入视野的是插花的总体色调，总体色调不突出，画面效果就弱，作品容易出现杂乱感，而且缺乏特色；近看插花时，要求色彩所表现出的内容个性突出，主次分明。

Designer 设计师 微课堂

沈健
苏州周晓安空间装饰设计有限
公司设计师

花卉与容器
的色彩需协调

主要从两个方面进行配合：一是采用对比色组合；二是采用调和色组合。对比配色有明度对比、色相对比、冷暖对比等。运用调和色来处理花与器皿的关系，能使人产生轻松、舒适感。方法是采用色相相同而深浅不同的颜色处理花与器的色彩关系，也可采用同类色和近似色。

插花类型

1. 中国插花

中国插花在风格上，强调自然的抒情、优美朴实的表现、淡雅明秀的色彩和简洁的造型。在中国花艺设计中把最长的那枝称作"使枝"。以"使枝"为参照，基本的花型可分为：直立型、倾斜型、平出型、平铺型和倒挂型。

2. 日本插花

日本插花以花材用量少、选材简洁为主流，它或以花的含苞、盛开、凋零代表事物过去、现在、将来。日本插花有三大流派，其中，草月流插花是日本近代新兴的插花流派，注重造型艺术，把无生命的东西赋予新的生命力，具有独创精神，是日本新潮流的代表。

3. 西方插花

西方的花艺设计，总体注重花材外形，追求块面和群体的艺术魅力，色彩艳丽浓厚，花材种类多，用量大，追求繁盛的视觉效果，布置形式多为几何形式，一般以草本花卉为主。形式上注重几何构图，讲求浮沉型的造型，常见半球形、椭圆形、金字塔形和扇面形等。

花艺造型**速查表**

与盆景类似的花艺造型形式，通常体积都比较大，具有创造性和艺术性。如果在家居中摆放，建议选择靠墙的区域等适合摆放盆景的位置

该组合形式的花艺，用花数量相对较少，没有高低层次变化，主要为横向造型。主要特点为表现植物自然生长的线条、姿态和颜色方面的美感，别致、生动、活泼

直立式以第一枝花枝为基准，所有的花枝都呈现直立向上的状态。此类花艺高度分明，层次错落有致，花材数量较少，表现出挺拔向上的意境，属于东方花艺

此类花艺的主要花枝向下悬垂插入容器中，具有一泻千里之势，最具生命动态之美，具有柔美、优雅的感觉，许多具有细柔枝条及蔓生、半蔓生植物都宜用这种形式

造型方式为将花枝向外倾斜插入容器中，表现一种动态美感，比较活泼生动，宜多选用线状花材并具自然弯曲或倾斜生长的枝条，如杜鹃、山茶、梅花木本花枝

适合四面观赏的对称式花艺造型，所用花材的长度基本一致，形成一个半球形。此种造型的花艺柔和浪漫，轻松、舒适，可用来装饰茶几、餐桌、卧室装饰柜等

陶瓷花器

陶器的品种极为丰富，或古朴或抽象，既可作为家居陈设，又可作为插花用的器皿，可以体现出多元化的装饰效果

玻璃花器

玻璃花器常见有拉花、刻花和模压等工艺，车料玻璃最为精美。由于玻璃器皿的颜色鲜艳，晶莹透亮，已成为现代家庭装饰品

树脂花器

树脂容器硬度较高，款式多样、色彩丰富，质感比塑料要细腻，高档的树脂花瓶同时也可以作为工艺品

金属花器

金属花器是指由铜、铁、银、锡等金属材料制成的花器，具有豪华、敦厚的观感，根据制作工艺的不同能够反映出不同时代的特点

编织花器

编织花器包含藤、竹、草等材料制成的花器，具有朴实的质感，形式多样，与花材搭配具有田园气氛且易于加工。具有原野风情

木容器

木容器造型典雅、色彩沉着、质感细腻，不仅是花器也是工艺品，具有很强的感染力和装饰性

第三章
不同空间打造不同理念的软装格调

第一节

公共空间

客餐厅是家居中会客、进餐的主要公共空间，其软装格调可以彰显出主人的品位。客餐厅空间中的软装，既体现在家具、窗帘之上，同时灯具、工艺品等小面积的点缀性软装也不容忽视。

警惕室内空间过度"设计"而
影响使用功能

良好的设计与规划是软装成功的一半。但是，由于人们对家庭装饰设计与规划的认识程度较低，加之居住空间、审美能力有限，在家庭装饰中，许多人只是凭感觉、靠印象、多效仿、随大流，追求各种"豪华设计"而没有结合自己的空间情况，因而陷入了种种误区。

▲直线型的家具可降低空间的拥挤感

误区 1　电器家具挤满空间

目前家具、灯具、家用电器已成为家用艺术品的一部分，但许多家庭由于缺少统筹，规划不当，结果适得其反。如：一些人不顾面积，购置大型家具，结果连人的自由活动空间都受到限制；有些人则购置高档音响、卡拉 OK 等，将居室布局成品种繁多的电器城，各类电器相互干扰，噪声严重，于健康不利。

应对 ◆

在购买电器家具之前应该根据室内面积进行合理规划，应首先满足使用功能，其次再根据美观需要适量添置。例如客厅面积不大，就建议选用低矮型的沙发。这种沙发没有扶手，流线型的造型，可以使客厅空间感觉更加流畅。

误区 2　耗费巨资却事与愿违

家居装饰、材料的使用不在多而在于精，不在于昂贵而在于设计得体。但部分家庭在装修时，为营造豪华的居室气氛，耗费数万元甚至十几万元，客厅放置一个会议室式的大屏风，四周则是价格昂贵的名家名画，或是将豪华的水晶灯悬挂在层高过矮的顶面上，令空间变得非常压抑。同时与居室格调极不协调。结果使装修后的家居显得不伦不类，很不实用。

应对

先了解各种装修风格，还有各个居室尺寸，最后确定适合自己的家居风格，然后根据风格的类别买家居用品。

▲ 素雅的卧室造型令生活更加安逸

▼ 时尚的灯具、餐桌与现代风格居室非常协调

开放式的**客厅软装**

> **软装速查：**
>
> ①客厅的风格可以通过多种手法来实现，其中较为关键的要点为后期配饰，可以通过家具、灯具、工艺品等的不同运用来表现客厅的不同风格，突出空间感。
>
> ②客厅家具最好配套，使家具的大小、颜色、风格和谐统一。家具与其他设备及装饰物也应风格统一，有机地结合在一起。
>
> ③客厅中常用的布艺织物，主要包括窗帘、地毯、沙发抱枕。在选择客厅布艺织物时，应注意层次与装饰性，还要考虑与居住者身份的协调。
>
> ④在客厅中搁置灵动且富有情调的装饰物，能彰显出居住者的个性品位。一般客厅工艺品的摆放以少而精为佳；客厅光线不好，应尽量摆放一些对光线要求不高的花卉。

▼客厅面积较小，搭配线条简练的沙发和座椅即可。

客厅家具**速查表**

三人沙发

三人沙发是客厅中最常见的沙发。常见的三人沙发尺寸标准为长度175~226厘米，深度80~90厘米，座高35~42厘米

双人沙发

双人沙发一般用于中小户型客厅，取代三人沙发，或与三人沙发和单人座椅搭配使用。双人沙发的尺寸范围为长度126~150厘米，深度为80~90厘米，座高为68~88厘米

单人座椅

适合单个人坐的沙发，款式多样，分为双扶单人沙发、单扶单人沙发和无扶单人沙发，客厅中适合与三人或双人沙发以组合形式使用，样式总体可以分为方形和圆形两种

茶几

一般来说沙发前的茶几通常高约40厘米，以桌面略高于沙发的坐垫高度为宜，但最好不要超过扶手的高度。茶几的长宽要视沙发围合的区域或房间的长宽比而定

角几

角几体积小、重量轻，可以灵活移动，造型多变，可选择性多。一般被摆放于角落、沙发边等，使用的目的是方便放置常用的、经常被移动的小物件或电话

电视柜

电视柜最早是为了方便摆放电视，随着壁挂电视的推广，现在多为集电视、机顶盒、DVD、音响设备、碟片等产品收纳和摆放于一体的家具，更兼顾展示用途

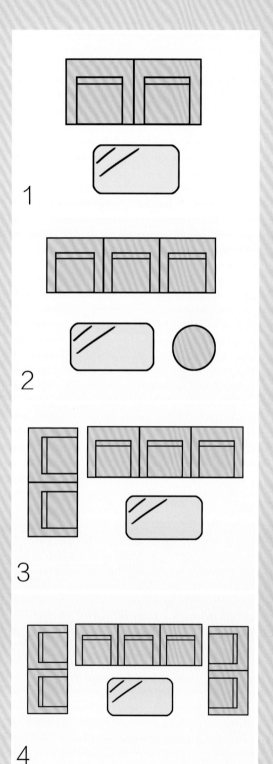

客厅家具摆放方法

1. 沙发 + 茶几

这是最简单的布置方式，适合小面积的客厅。因为家具的元素比较简单，因此在家具款式的选择上，不妨多花点心思，别致、独特的造型款式能给小客厅带来变化的感觉。

2. 三人沙发 + 茶几 + 单体座椅

三人沙发加茶几的形式太规矩，可以加上一两把单体座椅，打破空间的简单格局，也能满足更多人的使用需要。

3. L 形摆法

L 形是客厅家具常见的摆放形式，三人沙发和双人沙发组成 L 形，或者三人沙发加两个单人沙发……多种组合变化，让客厅更丰富多彩。

4. 围坐式摆法

主体沙发搭配两个单体座椅或扶手沙发组合而成的围坐式摆法，能形成一种聚集、围合的感觉。适合一家人在一起看电视，或很多朋友围坐在一起高谈阔论。

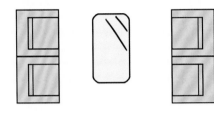

5

5. 对坐式摆法

　　将两组沙发对着摆放的方式不大常见，但事实上这是一种很好的摆放方式，尤其适合越来越多的不爱看电视的人的客厅。而且面积大小不同的客厅，只需变化沙发的大小就可以了。

▼围坐式的摆放方式令空间倍感大气

软装**搭配秘笈**

客厅家具

茶几要和沙发互补并形成对比

选定沙发为空间定位风格后，再挑选茶几的颜色、样式来与沙发搭配，就可以避免桌椅不搭调的情况。最好选择和沙发互补，又能形成对比的样式。例如，休闲感极强的美式真皮沙发，可以搭配较阳刚、时尚的金属茶几。

▲古朴的深蓝色系沙发搭配自然色调的实木茶几，
增添客厅的层次感

Designer 设计师**微课堂**

杨航
苏州一野室内设计工程有限公司
设计总监

家具可烘托客厅氛围

在客厅中，家具中的对比无处不在，无论是风格对比还是色彩对比，都能增添空间的趣味。造型感强的家具可以为家居制造亮点，如烘托过于平白的墙面，令墙面风格即刻提升。

客厅布艺织物

客厅窗帘表现浪漫氛围

　　客厅是接待客人、家人闲聚的场所，选择窗帘时在注意层次与装饰性的同时还要考虑与主人身份的协调，最好选择纱帘搭配布艺主帘，这样能将客厅的唯美气息表现出来。

▲ 流苏的窗帘挂饰与白色系的纱帘结合，给客厅带来浪漫感

客厅地毯形状应与沙发合理搭配

　　客厅地毯的形状要与家居合理搭配。其中方形长毛地毯非常适合低矮的茶几，令现代客厅富有生气。不规则形状的地毯块毯给原本方正的客厅增添了灵动之感。

▲ 不规则的地毯很好地融合了沙发与座椅的色彩

沙发抱枕令客厅呈现出靓丽容颜

　　客厅布艺沙发，面料以质地较厚的绒类或布类为佳，在色彩上应当注意与室内的装修风格相协调。其中沙发的抱枕可以使用颜色跳跃、图案精致的材质，令客厅呈现出更加靓丽的容颜。

▶ 造型简约的沙发搭配糖果色的抱枕，使空间倍显精致

客厅装饰画

客厅面积大小决定装饰画的选择

　　根据房子的面积和所要装扮墙面的大小选择合适尺寸的装饰画。客厅里面的装饰画高度一般在50~80厘米，长度根据墙面或者主体家具的长度而定，不宜小于主体家具的2/3。

◀黑白色的装饰画略小于沙发的长度，可以衬托空间的大气之感

根据客厅墙面材料选择适合的装饰画

　　如果墙面贴壁纸，中式风格选择国画，欧式风格则选择油画，简欧风格选择无框油画。如果墙面大面积采用了现代涂料，就要选择金属画框的抽象画或者时尚的无框画。

◀绿色系的花鸟图与沙发属于同色系，使空间散发出自然气息

客厅工艺品

展示架令工艺品摆放井然有序

　　在客厅和玄关相连的地方摆上一个造型精致有韵味的隔断柜，这会让整个房子显得更加大气，而不空旷。同时各种工艺品也有了集中展示的地方，形成一道独特的风景，既装饰了客厅又彰显了主人独特的品位。

▶ 实木展示架令小工艺品有了安身之所

根据工艺品的形状和色彩选择适合的摆放位置

　　随意地填充和堆砌，会产生没有条理、没有秩序的感觉，同时令客厅显得杂乱无章。具体摆设时，色彩鲜艳的宜放在深色家具上；美丽的卵石、古雅的钱币，可装在浅盆里，放置低矮处，便于观赏全貌。

▶ 小型的工艺品放置在两侧，大型的插花和挂画在中间起到视觉中心的效果

促进食欲的**餐厅软装**

软装速查：

　　①餐厅是家居的美食空间，餐厅装饰讲究美观，同时也要实用，最重要的是适合餐厅的氛围。若餐桌与大门成一条直线，站在门外便可以看见一家人在吃饭，那绝非所宜，最好是把餐桌移开。如果确无可移之处，那便应该放置屏风或板墙作为遮挡，即可免除大门直对餐桌。

　　②餐桌椅摆放时应保证桌椅组合的周围留出超过1米的宽度，以免当人坐下来，椅子后方无法让人通过，影响到出入或上菜的动线。

　　③餐厅中的布艺织物种类多样，不仅包括窗帘，还有诸如餐桌布、椅套、地毯等独具空间特色的布艺。

▼客厅面积较小，搭配线条简练的沙发和座椅即可

餐厅家具**速查表**

餐桌

餐桌的形状以长方形和圆形为主，在考虑餐桌的尺寸时，还要考虑到餐桌离墙的距离，一般控制在 80 厘米左右比较好，这个距离是包括把椅子拉出来，以及能使就餐者方便活动的最小距离

餐椅

餐椅是与餐桌配套使用的家具，主要作用是供人们坐下用餐。餐椅的风格和颜色可以与餐桌配套，但在有些家居风格中，餐椅还可与餐桌在颜色上形成反差，塑造个性感

酒柜

酒柜是用来存储或展示酒类的柜子，所陈列的不同色彩的酒类，能够为餐厅增添多种色彩，令人赏心悦目的同时还可以让食欲大增

条几

如果餐厅的面积够大，除了必备的餐边柜外，还可以在另一侧的墙面靠墙摆放一个条几，用来摆放一些装饰品或者酒品

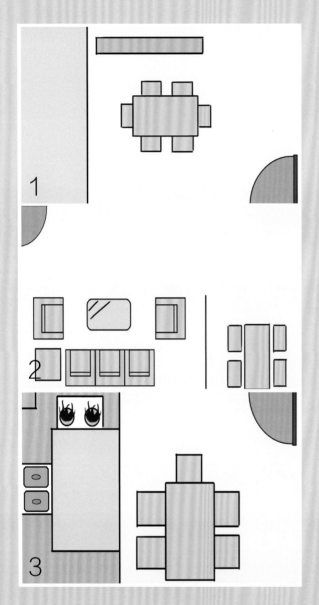

餐厅家具摆放方法

1. 独立式餐厅

　　最理想的餐厅格局，餐厅位置应靠近厨房。需要注意餐桌、椅、柜的摆放与布置须与餐厅的空间相结合，如方形和圆形餐厅，可选用圆形或方形餐桌，居中放置；狭长餐厅可在靠墙或窗一边放一个长餐桌，桌子另一侧摆上椅子，空间会显得大一些。

2. 一体式餐厅 – 客厅

　　餐厅和客厅之间的分隔可采用灵活的处理方式，可用家具、屏风、植物等做隔断，或只做一些材质和颜色上的处理，总体要注意餐厅与客厅的协调统一。此类餐厅面积不大，餐桌椅一般贴靠隔断布局，灯光和色彩可相对独立，除餐桌椅外的家具较少，在设计规划时应考虑到多功能使用性。

3. 一体式餐厅 – 厨房

　　这种布局能使上菜快捷方便，充分利用空间。值得注意的是，烹调不能破坏进餐的气氛，就餐也不能使烹调变得不方便。因此，两者之间需要有合适的隔断，或控制好两者的空间距离。另外，餐厅应设有集中照明灯具。

软装**搭配秘笈**

餐厅家具

餐边柜为进餐时的临时拿取提供便捷

如果餐厅的面积够大，可以沿墙设置一个餐边柜，既可以帮助收纳，也方便用餐时餐盘的临时拿取。需要注意的是，餐边柜与餐桌椅之间要预留 80 厘米以上的距离，不影响餐厅功能的同时，且令动线更顺畅。

▼ 蓝色边柜既可展示工艺品又可收纳杂物

Designer **微课堂**
设计师

周晓安
苏州周晓安空间装饰设计有限
公司设计总监

**充分利用隐性
空间完成餐厅收纳**

如果餐厅的面积有限，没有多余空间摆放餐边柜，则可以考虑利用墙体来打造收纳柜，充分利用了家中的隐性空间。需要注意的是，制作墙体收纳柜时，一定要听从专业人士的建议，不要随意拆改承重墙。

餐厅布艺织物

小餐厅窗帘样式宜简洁

　　一般小餐厅的窗帘应以比较简洁的式样为好，以免使空间因为窗帘的繁杂而显得更为窄小。窗帘的宽度尺寸，一般以两侧比窗户各宽出10厘米左右为宜，底部应视窗帘式样而定，短式窗帘也应长于窗台底线20厘米左右。

餐厅地毯最好选择深色

　　地毯颜色的选择可以餐厅的整体色彩为依据。一般深色较好，太绚丽会影响食欲。而且就餐时，常会有水溅在地毯上，颜色过浅，清洗起来会很麻烦。

▲ 洁净的白色系窗帘与百叶帘结合，给小面积餐厅带来清爽感

▲ 深色的地毯和餐椅色调一致，给餐厅带来融合感

根据季节及家居整体色调变换桌布颜色

　　在选择桌布色调时，可根据季节及家居整体色调的实际情况巧妙搭配，如若家具颜色较深，可选择淡色桌布或饰品衬托，夏季较热，可选择清新的绿色营造清凉感。

◀ 浅色系桌布是打造浪漫、清新气息的绝佳饰品

餐厅灯具

餐厅宜选用黄色吊灯增强食欲

　　餐厅的灯具大多采用吊灯，因为光源由上而下集中打在餐桌上，会使用餐者将焦点放在餐桌食物上，而且灯光最好使用黄色，这样会令食物看起来更加美味，从而刺激用餐者的食欲。

▶ 黄色系的灯光把乡村风的餐厅点缀得更加温馨

餐厅吊灯高度最好选择距地面 2.2 米

　　在选择餐厅吊灯的时候，离地面的距离最好是 2.2 米。这样的高度比较适合人们眼睛的承受能力，同时，照明的光线也是恰到好处，不会给用餐者带来压力。

▶ 简易的白色系吊灯离地面一定距离，不会晃到就餐者的眼睛

餐厅装饰画

餐厅装饰画以小尺寸为宜

餐厅装饰画一般以小尺寸为主，否则会有强烈的压抑感，边长50~60厘米即可，当然也要考虑到餐厅的空间以及墙面高度，营造一种明朗、精美的布局效果。

◀ 小型挂画不会给用餐带来沉重感

餐厅装饰画颜色宜简洁、柔和

餐厅所营造出来的色调会影响人们的食欲，其装饰画颜色适合选用以橙、黄、粉为主的暖色调挂画，画面色彩简洁、柔和、明亮、干净。不要选用红色、深绿、深蓝等过浓、偏暗色系的画，会影响人的就餐心情。

◀ 橙色与蓝色搭配的静物画使用餐空间更为静谧

餐厅工艺品

餐桌上的小摆件要自然耐看、不占空间

　　餐厅不仅是用餐的地方，更是我们享受生活的场所，平时餐桌上摆放几个精致的工艺品或小型插花即可，也不会占用太多空间，却能令空间更加生动活泼。

◀ 浅色系的插花给餐厅带来清爽的气息

▼ 简易的插花调剂餐厅的气氛

第二节

私密空间

私密空间是休憩、学习的地方，其软装格调可依据主人的爱好而做调整，但整体要求宁静、舒适，不宜过于花哨。

有助于睡眠的**卧室软装**

软装速查：

①卧室是家居中的私密空间，其软装布置注重舒适性与温馨感。少用大型单体家具，如传统大衣柜、单门柜等大型单体家具。这类家具占地面积大、空间利用率低，高度、体量与其他家具不协调。最好根据空间大小定制家具，缩小占地面积，充分利用上部空间。

②卧室家具尽量放在与门同在的那堵墙或者站在门口往里看时看不到的地方；凡是在门口看得到的柜体，高度尽量不要超过 2.2 米；空间布置尽量留白，即家具之间需要留出足够的空墙壁。

③小型卧室宜选用色调自然且极富想象力的条纹布做装饰，会起到延伸卧室空间的效果；浅色调的家具宜搭配淡粉、粉绿等雅致的碎花布料；对于深色调的家具，墨绿、深蓝等色彩都是上乘之选。

④卧室可以运用装饰画、工艺品及花卉绿植来丰富空间表情。其中，背景墙上的装饰画往往会成为视觉重点，卧室中可以选择以花卉、人物、风景等为题材的装饰画或让人联想丰富的抽象画、印象画等。

▼卧室分区明确，方便休息和休闲娱乐

卧室家具**速查表**

床

床的作用是让人躺在上面休息，不仅具备实用性也是装饰品。床的种类有平板床、四柱床、双层床、日床等

床尾凳

床尾凳是摆放在床尾的长条形凳子，除了可以摆放衣服外，还可以供友人在上面交谈，具有较强装饰性和少量的实用性

衣柜

衣柜是卧室中占据空间较大的一种家具，根据空间特征定制衣柜，能够突破不规则房型、小户型面积等限制，合理布置格局的同时，能最大限度地节省空间

床头柜

床头柜是放在床头两侧可供存放杂品用的家具，属于近现代家具产品。上面可以摆放相框、鲜花或者台灯等

梳妆台

梳妆台是用来化妆和摆放、收纳化妆用具的家具。分为独立式和组合式。组合式是与其他家具组合在一起的款式，适合大空间

休闲椅

休闲椅是平常享受闲暇时光用的椅子，这种椅子不像其他椅子那样正式，通常在材料或者色彩、外形设计上有一些小个性

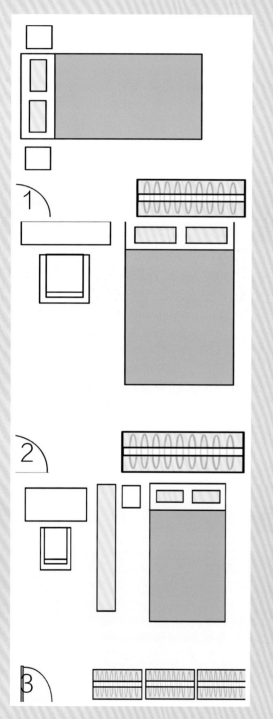

卧室家具摆放方法

1. 正方形小卧室

一般 10 平方米的卧室，床可以放中间，两边留 50 厘米左右的空间才足够；10 平方米大的卧室要采用双人床的话，要预留三边的走动空间，这种摆设比较容易。

2. 横长形小卧室

若卧室小于 10 平方米，建议将床靠墙摆放，这样可以节省出放置梳妆台或是书桌的空间。同时，床底是很好的收纳空间，可用来存放棉被等物品，做到把收纳归于无形。避免因为太多杂物而干扰动线。

3. 横长形大卧室

若卧室的空间超过 16 平方米，可把衣帽间规划在卧室角落或是卧室与浴室间的畸零空间里；也可利用 16 平方米的大卧室隔出读书空间，写字台和床之间用书架隔开，区隔用的书架高度为 150 厘米左右，不可做得太高，令人产生压抑感。

软装**搭配秘笈**

卧室家具

床的摆放要注重隐私性

确定卧室床的摆放位置及方向时，一定要注意床头不能靠门或直对门。床头对门，被人一览无遗，这会让睡者没有安全感，影响休息质量。如果确实无法避免床与房门相冲，则可用屏风来隔断。

▲床头放置在卧室内侧，给人安全感

衣柜与床位要有间隔

衣柜与床位之间留有间隔，上下床时可以避免磕碰。因为衣柜形状高大，不宜紧贴床位摆放，最好设在床的左边，以免主人在卧室休息时形成压迫感，对休息不利，影响身心健康。

▲绿色系的衣柜与床距离一定间隔，不会令人产生压迫感

卧室布艺织物

▲ 优雅的纱帘与遮光的珠帘搭配，令室内光线更为柔和

卧室窗帘要注意隔声、遮光性能

卧室窗帘以窗纱配布帘的双层面料组合为多，一来隔声，二来遮光，同时色彩丰富的窗纱会将窗帘映衬得更加柔美、温馨。此外，还可以选择遮光布，良好的遮光效果可以令家人拥有一个绝佳的睡眠空间。

▲ 棉质床品搭配素雅的色调，给卧室营造出舒适的睡眠环境

床品要注重舒适度

在选购床上用品时，首先要检查布料的密度，也就是支数或纱数，密度越高相对布料的质量越好，因为布的密度越高所要求的棉花质量也就越好，手感越柔软，越有光泽，而且其生产工艺要求也就越高。

卧室灯具

卧室的灯光照明最好以温馨的黄色为基调

　　卧室的灯不必太亮。因为卧室本来就是休息用的，灯光应该以柔和为主。选用天花板吊灯时，必须选用有暖色光度的灯具，并配以适当的灯罩，如果悬挂笨重的灯具在天花板上，光线投射不佳，室内气氛将大打折扣。

▶ 复古的黄色系吊灯令冷色系的卧室温暖起来

▶ 温馨的黄色系筒灯搭配石膏板造型顶，简洁大方，适合小面积卧室

床头灯的光线要柔和

床头照明除了便于渡过睡前的时间外，还便于起夜。人们在半夜醒来时，常常对光很敏感，在白昼看来很暗的光线，夜里都会让人觉得刺眼，因而，床头灯的外形应以简约为宜，色彩要淡雅、温和。

◀典雅的圆弧形台灯令卧室更加静谧

◀柔和的床头灯泛着点点光晕，把卧室照射得更具异域风情

卧室装饰画

卧室装饰画的色调要有趣味性

卧室装饰画类的配饰往往成为视觉焦点，因此图片的色调不能太单一，还要和卧室的整体颜色相互搭配。装饰画的内容应该简洁，体现出装饰画的趣味，色彩艳丽的油画或者水彩画都比较适合挂在卧室。

▲ 长条形的挂画极具视觉冲击力

▼ 树叶与蝴蝶挂画仿佛令人走进魔法般的森林，给卧室带来梦幻感

卧室装饰画的数量不宜过多

　　卧室内装饰画只要摆放到位，就能起到画龙点睛的作用，过多反而让人眼花缭乱，影响卧室和谐的氛围。一般在卧室靠床的墙面挂装饰画，还可以在床的对面和侧面墙壁上根据空间情况挂一到两幅装饰画。

◀大幅的黄色系挂画作为卧室的视觉中心点，令灰色系的墙面更具时尚感

▼ 小型的工艺画点缀卧室床头，表现出儿童房的活泼感

卧室工艺品

▲ 小型的工艺品与鹅黄色的床品结合，使卧室散发出清新的气息

▶ 柔软的毛绒玩具和小型花卉、镜框把卧室装点得极具情调

卧室应摆放柔软、体量小的工艺品

卧室中最好摆放柔软、体量小的工艺品作为装饰，不适合在墙面上悬挂鹿头、牛头等兽类装饰，容易使半夜醒来的居住者受到惊吓。

Designer 设计师微课堂

李文彬
武汉桃弥设计工作室设计总监

卧室中的镜子不能正对床

镜子不能放在床头正对面，因为人在睡觉时，是最放松、最没有戒心的时候，而镜子若恰恰放在自己的正对面，半夜起来很容易被镜中的影像吓倒。

文化气息浓郁的
书房软装

软装速查:

①书房是用来学习、阅读以及办公的地方,家具布置要求简洁、明净。常用的家具有书桌、椅子、书柜、角几、单人沙发。与客厅等空间不同的是,书房是具有一定学术性的,因此,家具适宜整套选购,不宜过于杂乱,过于休闲。

②可根据心理需求选择家具,深色的办公用具可以保证学习、工作时的心态沉静稳定;而色彩鲜艳的、造型别致的办公用具,对于激发灵感十分有益。

③书房应是一个文化气息浓郁的地方,家具在室内显得过于沉重时,搭配色彩淡雅的抱枕、桌巾、窗帘,则可柔化整个环境,让空间展现宁静的氛围。

④书房应有助于集中注意力,所以不应摆放过多的饰品,以免分散注意力,扰乱情绪。装饰的盆景不应选用大盆的鲜花,应以矮小、常绿的观叶类植物为主。

◀ 小型的书架可以满足日常书籍的存放需求

书房家具**速查表**

书桌指供书写或阅读用的桌子，通常配有抽屉。最常见的单人书桌，一般高度在 75 厘米左右是比较适合我国成年人使用的

工作椅是与书桌配套使用，让使用者能够坐着在书桌上工作的椅子。建议选择与书桌成套的产品。单独搭配建议风格、色彩或材质上能够统一

书柜是用来收纳、整理图书的家具。可分为封闭式和开敞式两种类型，古典风格多用封闭式，现代风格多用开敞式

坐在沙发上交谈要比坐在椅子上感觉更为舒适、自在一些。当书房的空间足够宽敞且经常有交谈的需要时，建议在书桌对面摆放两个单人沙发或一个双人沙发

书房中的边柜作用与客厅边柜相同，书房内的边柜可以选择储物功能强大一些的款式，边柜的上方除了摆放装饰品，还可以摆放书籍，增加书籍的收纳量

角几可以放在角落里，在书房中可与沙发配套使用，两个单人沙发中间的位置大小不适合放茶几时，可以将角几放在中间，角几的体积小比茶几节省空间

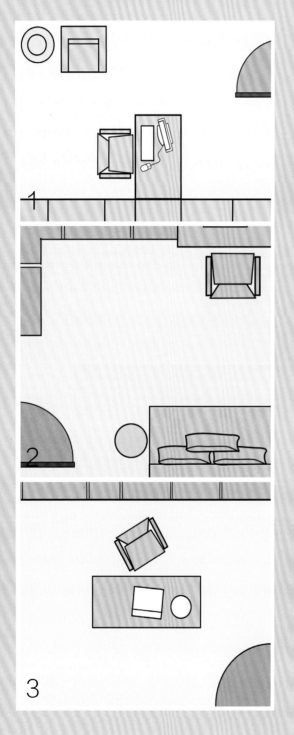

书房家具摆放方法

1.T 形

　　将书柜布满整个墙面，书柜中部延伸出书桌，而书桌与另一面墙之间保持一定距离，成为通道。这种布置适合于藏书较多，开间较窄的书房。

2.L 形

　　书桌靠窗放置，而书柜放在侧墙处，这样的摆放方式可以方便取阅书籍，同时中间预留的空间较大，可以作为休闲娱乐区使用。

3. 并列形

　　墙面满铺书柜，作为书桌后的背景，而侧墙开窗，使自然光线均匀投射到书桌上，清晰明朗，采光性强，但取书时需转身，也可使用转椅。

软装**搭配秘笈**

书房家具

书桌摆放位置要充分考虑自然光源

  为了充分利用自然光源，建议将书桌和经常看书坐的椅子放置在靠近窗户的位置，具体说来，当你坐在书桌前时，自然光源是从你的左边或是正前面来的，尽量避免右边光源和逆向光源。

◀左手边的光源可令眼睛更为舒适

书房布艺织物

书房窗帘以清新自然为好

  书房窗帘在颜色上不能过于花哨，否则容易在学习工作中注意力不集中，导致工作学习效率降低，并且色彩太过艳丽的窗帘还会给人眼花缭乱的感觉。自然清新的书房窗帘更符合书房安静的学习氛围。

▲厚重的绿色系窗帘把书房的阳光变得更加柔和，非常利于保护视力

书房地毯尽量选择中性色

  书房环境的颜色和家具颜色，使用冷色调者居多，这有助于人的心境平稳、气血通畅。由于书房是长时间使用的场所，应避免颜色强烈刺激，宜多用明亮的无彩色或灰棕色等中性颜色。

▶印花地毯既具有自然气息又不会过于繁复

书房灯具

书房灯具以大小适中为宜

一般家庭的书房面积适中，如果搭配与书房面积不相适应的超大灯饰容易使读书者产生压迫感，不利于思考与分析，因此建议书房选择的灯饰要与书房面积相适应，不要因为突显"富丽堂皇"而选大灯饰。

◀书房以高低错落的吊灯点缀，淡黄色的光线不会刺伤眼睛

书房主灯不宜过亮，以光线柔和为宜

书房主灯过亮或者过于刺眼反倒不利于读书者集中注意力与产生舒适感，会使读书者感到烦躁、心不静。因此建议在书房主灯的选择上不要过于追求亮度，最好搭配护眼的台灯一起使用。

◀具有造型感的吊灯搭配小型的护眼台灯令读书者感到更加舒适

书房装饰画

书房装饰画搭配要把握好"静"和"境"两个字

书房装饰画的色调要在柔的基础上偏向冷色系，以营造出"静"的氛围。在题材内容的选取上，除了协调性、艺术性外，还要偏向具有浓厚历史文化背景的主题，以达到"境"的提升。

▼ 静谧的挂画不会令读书者思绪烦乱，有利于静心学习

装饰画题材要积极向上

悬挂"花中君子"的梅兰竹菊，可以令我们受到画作的熏陶，并由此培养坚强的品质，形成坚忍不拔的品性。也可以选择自己喜欢的书画，或是一些有哲理性、教育性、激励性的四字书法或诗词书法。

▲ "梅兰竹菊"的装饰画非常适合书房装饰，显示出空间主人的高尚格调

书房工艺品

▲各色小件工艺品把书房点缀得更为雅致

书房小件工艺品颜色可丰富一些

为避免空间产生单调和呆板感，在大面积沉稳色调为主的书房软装色彩运用中，较小的工艺品色彩可鲜艳、丰富一些，起到"点睛"的作用，形成一个既恬静又轻松的环境。

书房工艺品最好体现出文化气息

书房中的工艺品应体现端丽、清雅的文化气质和风格。其中文房四宝和古玩能够很好地凸显书房韵味，这样的装饰品，蕴含着深厚的中国文化，同时也可表明主人对精致生活的追求和向往。

▼古典中式的瓷瓶与文房四宝把书房的古典雅致感衬托出来

书房花卉绿植

净化空气类植物令人读书有精神

植物除了能进行光合作用吸取空气中的二氧化碳，释放氧气外，一些植物还具有吸取空气中有害气体的作用，比如吊兰、芦荟就能吸附有害气体甲醛，净化空气。在书房内摆放一些此类植物，十分有利于人体健康。

Designer 设计师 微课堂

赖小丽
广州胭脂设计事务所创始人、
设计总监

书房摆放四季常绿植物可旺气

常绿旺气类植物主要是指四季常绿的植物，例如万年青、富贵竹、绿萝等。不管在什么时候总能给人以朝气蓬勃、生机盎然的感觉，让人可以保持一种良好的精神状态，以同样蓬勃的状态工作学习，必然事半功倍。

▼小型的绿植搭配原木色的桌子，给人以清新感

第四章
不同软装风格
展现家居多彩面貌

根据日常喜好选择适合自己的
家居风格

每种家居风格都有其特定的要素，在装修之前要明确自己及家人的喜好。初步确定偏爱的风格后，再逐步对家居风格做全面了解，进而确定符合心意的家居风格。

了解每种风格的设计理念、惯用设计手法

学会色彩搭配，可根据喜好、色彩情感判断居室风格

4 种确定家居风格的方式

学会选择材料，每种家居风格都有一些专属的特色材料

确定空间中细节处的饰品，迎合整体空间风格

请按实际情况在口 内打 √，最后作为选择设计风格的参考。

新中式风格

空间特质指数

□ 期待空间遵循均衡与对称原则

□ 想避免传统中式的过于沉闷，又期待加入中式元素

□ 空间强调中式韵味，却又符合现代人的生活特点

业主个性指数

□ 喜欢木质材料搭配现代石材

□ 喜欢中式镂空雕花、仿古灯等中式元素

□ 对梅兰竹菊、荷花等图案情有独钟

□ 喜欢线条简单的中式家具

东南亚风格

空间特质指数

☐ 空间采光较好

☐ 室内空间较为方正

☐ 能接受深色系或非常艳丽的墙面

业主个性指数

☐ 喜欢带有东南亚特色的艳丽色彩

☐ 喜欢做旧铁艺或金色软装

☐ 喜欢椰壳、柚木、竹等饰品

☐ 喜欢取材于自然界材料的家具，如藤、草、木等

☐ 对佛像、莲花等禅意的软装感兴趣

北欧风格

空间特质指数

☐ 拥有通透的大窗户

☐ 想要弱化空间分割，坚持空间的单纯性

☐ 空间宜简不宜繁，坚决摒弃过于累赘的硬装饰

☐ 需要足够的储藏空间

业主个性指数

☐ 喜爱能够降温的色彩，如米色、浅木色等；喜爱黑白色调的搭配。

☐ 喜爱以自然元素为主的材质（如木、藤、柔软质朴的纱麻布品）

☐ 喜爱线条简练的板式家具

新欧式风格

空间特质指数

☐ 注重室内的使用效果，喜欢大理石拼花造型

☐ 崇尚线条简练的复古家具

☐ 想避免传统欧式家居的奢华，又期待拥有欧式风格的高雅

业主个性指数

☐ 喜欢白色 + 金色搭配出的高雅和谐的氛围

☐ 喜欢欧式花纹、装饰线

☐ 喜欢有波状线条和富有层次感的家具

☐ 对于各种欧式描金的器具非常喜欢

法式风格

空间特质指数

□ 空间光线充足，有大型窗户

□ 空间格局较大，可以允许打通部分
墙体

□ 想避免过于死板的造型，喜欢曲线
和有弧度的空间

业主个性指数

□ 喜欢较为梦幻的色彩

□ 喜欢极具风格的曲线家具和金色的
工艺品

□ 平时喜欢各类蕾丝布艺和带有花边
的软装饰品

田园风格

空间特质指数

□ 户型为中户型或大户型

□ 注重营造空间的流畅感和系列化

□ 强调自然居家气氛，接近大自然的
感觉

业主个性指数

□ 对于各种纯天然的色彩情有独钟
（如红色、绿色、黄色等）

□ 喜欢碎花、格子的图案

□ 喜欢各种蕾丝的花边

□ 喜欢在室内摆放盘状挂饰与盆栽

美式乡村风格

空间特质指数

☐ 居家面积大于 80 平方米

☐ 强调自然有氧的环境，热爱原木材质家具

☐ 注重私密空间与开放空间的相互区分

☐ 重视家具和日常用品的实用和坚固

业主个性指数

☐ 喜欢浓郁的色彩（如棕色系、暗红色系、绿色系）

☐ 可以接受粗犷的材质（如硅藻泥墙面、复古砖）

☐ 对于铁艺灯、彩绘玻璃灯情有独钟

☐ 能接受各种仿古、做旧的痕迹

☐ 喜欢在室内摆放大型盆栽

地中海风格

空间特质指数

☐ 户型为大户型或别墅

☐ 没有居家打扫的顾虑

☐ 空间强调通透性，拥有良好的光线

业主个性指数

☐ 喜欢海洋的清新、自然浪漫的氛围

☐ 不排斥蓝色、白色、绿色等冷色调

☐ 对于各种拱形门、拱形窗情有独钟

☐ 喜欢铁艺雕花

☐ 喜欢各种造型的饰品（如船、贝壳、海星）

现代风格

空间特质指数

☐ 不希望更改格局配置

☐ 不喜欢复杂的木工

☐ 不想花太多预算在整体空间装修上

☐ 空间强调个性与时尚感

业主个性指数

☐ 喜欢凸显自我、张扬个性

☐ 喜欢大胆鲜明、对比强烈的色彩搭配

☐ 喜欢奇特的光、影变化

☐ 喜欢新型材料及工艺做法

☐ 喜欢抽象、夸张的图案

☐ 喜欢造型新颖的家具和软装

简约风格

空间特质指数

☐ 空间面积较小

☐ 不想花太多钱在硬装上

☐ 喜欢乳胶漆或大面积色块

业主个性指数

☐ 喜欢简约流畅的造型

☐ 喜欢明快的色调

☐ 喜欢对比强烈的色彩搭配

☐ 对色彩、材料的质感要求高

☐ 喜欢以现代感软装饰来丰富空间

第一节

东方风情的软装风格

东方情调派的设计思想与东方哲学紧密相连，强调室内与周围环境融为一体，创造安宁与和谐的室内氛围，着重体现朴素雅致的东方韵味。

清浅淡雅与古典传统交融的
新中式风格

软装速查：

①新中式风格通过提取传统家居的精华元素和生活符号进行合理的搭配和布局，在整体的家居设计中既有中式家居的传统韵味，又更多地符合了现代人居住的生活特点。

②常用软装材质：实木、竹木、玻璃、石材、中式花纹布艺。

③软装家具：线条简练的中式家具、现代家具＋清式家具、圈椅、无雕花架子床、简约化博古架等。

④软装色彩：黑色＋白色＋灰色、棕色＋白色、棕红色＋绿色、浅棕色＋蓝色＋绿色，同时吊顶颜色宜浅于地面与墙面。

⑤软装饰品：中式仿古灯、青花瓷、茶具、古典乐器、菩萨佛像、花鸟图、水墨装饰画、中式书法。

⑥软装形状图案：中式镂空雕刻、中式雕花吊顶、直线条、荷花图案、梅兰竹菊、龙凤图案、骏马图案。

▼卧室分区明确，方便休息和休闲娱乐

新中式风格软装**速查表**

软装材质

实木

中式花纹布艺

竹木

软装家具

线条简练的中式家具

现代家具＋清式家具

无雕花架子床

软装色彩

无色系＋蓝色、绿色

红棕色＋白色

黄色系

软装饰品

中式仿古灯

瓷器

茶具

软装**搭配秘笈**

软装材质

▲ 实木沙发与简洁的中式布艺结合，衬托空间的禅意

实木与布艺相结合展现新中式的清爽

新中式风格讲究实木本身的纹理与现代先进工艺材料相结合，不再强调大面积的设计与使用，如客厅沙发可以选用布艺与实木相结合，而茶几采用木质，这样就能避免古典中式产生的沉闷感。

藤竹材质令新中式风格更贴近自然

竹，在中国是一种拥有深厚文化底蕴的植物，它不仅被古人赋予了丰富的文化内涵，在现代更是一种常见的家具材料。藤竹家具最大限度地保留了天然的纹理、质感和竹节的结棱结构，令新中式风格更贴近自然。

▲ 藤竹材质的坐墩彰显文雅与历史感的同时也不会让人觉得沉闷

软装色彩

无色系 + 蓝色、绿色彰显清新中式风

　　新中式风格强调自然舒适性。以经典的无色系为主色可强化新中式风格的自然感和厚重感，为居室营造温馨、舒适的氛围。同时加入蓝色与绿色作为点缀色使用，令古雅的新中式风格更为清新。

▲ 大面积的淡雅色调略显单调，搭配沙发、意境高远的山水图，展现出新中式风格的古典韵味

◀ 设计师以蓝色梅花图屏风和中式仿古家具搭配来体现中式典雅感

无色系 + 红棕色奠定大气基调

新中式讲究的是色彩自然和谐的搭配，经典的配色是以黑、白、灰和棕色为基调，在这些主色的基础上可以用皇家住宅的红、黄、蓝、绿等色作为局部色彩。

◀选择黑、白、灰为主色的新中式风格时，如果觉得过于冷清、肃穆，可以在配色中加入米黄色布艺软装，能够增添柔和感

◀黑色系的木质搭配灰色系的布艺织物，令整体呈现大气之感

软装家具

线条简练的中式家具体现简洁生活理念

线条简单的中式家具，通过对传统文化的理解和提炼，将现代元素与传统元素相结合，体现出中式风格既遵循传统美学，同时又加入现代简洁生活的理念。

Designer 设计师 微课堂

徐鹏程
微视大观艺雕国际装饰设计有限
公司设计总监

现代家具 + 清式家具 为居者带来惬意感受

现代家具与清式家具的组合运用，也能弱化传统中式居室带来的沉闷感，使新中式风格与古典中式风格得到有效的区分。另外，现代家具所具有的时代感与舒适度，也能为居者带来惬意的生活感受。

▼ 线条简练的红棕色实木家具衬托出客厅色彩的雅致感

▲浅米色的仿古灯令无色系的客厅更具古典韵味

中式仿古灯渲染空间幽静氛围

　　中式仿古灯更强调古典和传统文化神韵的再现，装饰多以镂空或雕刻的木材、半透明的纱、黑色铁艺、玻璃为主，图案多为《清明上河图》、如意图、龙凤等中式元素，宁静而古朴。

▶红色系的仿古灯搭配蓝色系的印花墙面，令空间更具层次感

瓷器饰品增添中式韵味

在新中式风格的家居中，摆上几件瓷器装饰品，可以令家居环境韵味十足，也令中国文化的精髓满溢于整个居室空间。

▲ 淡紫色与黄色较为沉稳宁静，和艳丽的蓝色瓷器搭配能够更好地衬托出客厅色彩的雅致感

中式花卉图案的装饰品体现古典思想的传承

中式花卉图案常借用植物的某些生态特征，赞颂人类崇高的情操和品行。例如"梅"耐寒，寓意人应不怕困难，"牡丹"则拥有着富贵的寓意。带有这些元素的装饰品用于家居中使中式古典思想得以延续与传承。

▲ 印有中式花卉的瓷器展现古典美感

仿古灯

中国黄

线条简练的中式家具

独具热带风情的
东南亚风格

软装速查：

①东南亚风格是东南亚民族岛屿特色及精致文化品位相结合的设计，把奢华和颓废、绚烂和低调等情绪调成一种沉醉色，让人无法自拔。

②软装材质：原木、石材、藤、麻绳、彩色玻璃、青铜、绸缎绒布。

③软装家具：实木家具、木雕家具、藤制家具、无雕花架子床。

④软装色彩：大地色＋白色、大地色＋米色、大地色系、棕红色＋蓝色、紫色系。

⑤软装饰品：佛手、木雕、锡器、纱幔、大象饰品、泰丝抱枕、青石缸、花草植物。

⑥软装形状图案：树叶、芭蕉叶、莲花、莲叶、佛像。

▼具有禅意的东南亚家具令空间更加静谧

东南亚风格软装**速查表**

软装材质

石材

原木

彩色玻璃

软装家具

木雕家具

藤制家具

实木家具

软装色彩

米色系

棕色系、褐色系

华丽色彩

软装饰品

佛手

锡器

大象饰品

软装**搭配秘笈**

软装材质

石材搭配原木彰显古朴韵味

　　东南亚石材并不等同于常用的大理石或花岗岩等表面光滑的材料，它具有地域特色，表面带有石材特有的质感，搭配木质家具营造出古朴、神秘的氛围。

◀东南亚特有的石材与流水、绿植搭配，将小花园点缀得更为别致

雕花原木展现东南亚风格的天然气质

　　原木以其拙朴、自然的姿态成为东南亚风格追求天然的最佳材料。用浅色木家具搭配深色木硬装，或反之用深色木家具来组合浅色木硬装，都可以令家居呈现出浓郁的自然风情。

▶实木雕花的四柱床与棕色的硬包是绝佳搭配

▶方正的实木吊顶与同色系的沙发共同展现大气风范

软装色彩

棕色系、咖啡色系表现热带古朴风情

将各种家具包括饰品的颜色控制在棕色或咖啡色系范围内，再用白色或米黄色全面调和。这种大地色系以其拙朴、自然的姿态成为东南亚风格追求天然的最佳配色方案。

▲ 红棕色的雕花壁挂与米黄色系的大理石搭配，同时以东南亚特有的锡器做点缀，令空间展现自然、朴实的韵味

华丽色调彰显异域情调

东南亚风格可以采用艳丽的颜色做背景色或主角色，例如红色、绿色、紫色等，再搭配艳丽色泽的布艺系列、黄铜、青铜类的饰品以及藤、木等材料的家具，这种跳跃、华丽的配色方案，较适合大户型。

▲ 神秘的紫色系窗帘与禅意的黄色壁纸将神秘的异域情调打造得淋漓尽致

软装家具

▲ 藤制的座椅令整个空间更加清爽、透气

藤制家具展现天然环保性

在东南亚家居中，也常见藤制家具的身影。藤制家具天然环保，最符合低碳环保的要求。它具有吸湿、吸热、透风、防蛀、不易变形和开裂等物理性能，可以媲美中高档的硬杂木材。

木雕家具成为东南亚最抢眼的部分

木雕家具是东南亚风格家居中最为抢眼的部分，其中柚木是制成木雕家具最为合适的上好原料。它的抛光面颜色可以通过光合作用氧化而成金黄色，颜色会随时间的推移而更加美丽。柚木做成的木雕家具有一种低调的奢华感，典雅古朴，极具异域风情。

▲ 雕花的座椅与舒适的棉麻布艺组合，令空间既舒适又具有情调

▲ 雕花实木家具将空间的精致、典雅韵味渲染出来

软装饰品

佛像令人感受到神秘

　　东南亚国家多具有独特的宗教和信仰，因此带有浓郁宗教情结的家饰相当受宠。在东南亚家居中可以用佛首来装点，这一装饰可以令人感受到神秘与庄重并存的空间氛围。

大象饰品令人领略热带风情

　　大象是东南亚很多国家都非常喜爱的动物，相传它会给人们带来福气和财运，因此在东南亚的家居装饰中，大象的图案和饰品随处可见，为家居环境增加了生动、活泼的气氛，也赋予了家居环境美好的寓意。

▲ 佛像挂画令空间具有神秘的异域情怀

▲ 大象饰品与实木结合突显出空间的自然美

Designer 微课堂
设计师

王五平
深圳太合南方建筑室内设计事务所总设计师

泰丝抱枕是东南亚风格最好的装饰品

　　艳丽的泰丝抱枕是沙发上或床上最好的装饰品，明黄、果绿、粉红、粉紫等香艳的色彩化作精巧的靠垫或抱枕，跟原色系的家具相衬，香艳的愈发香艳，沧桑的愈加沧桑；单个的泰丝抱枕基本在几十至几百元之间，可以根据预算加以选择。

实木家具

第二节

西方格调的软装风格

在对家居空间进行软装设计之前，需要对软装设计西方的室内设计较为多元化，既有崇尚奢华典雅的贵族气质，也有强调清新自然、返璞归真的自然流派。需要对西方格调的软装设计有较为多元的理解。

色彩优雅、取材贴近自然的
北欧风格

软装速查：

①北欧风格以简洁著称，浅淡的色彩、洁净的清爽感，让居家空间彻底降温。

②软装材质：木材、藤等天然材料、玻璃，铁艺。

③软装家具：板式家具、布艺沙发、带有收纳功能的家具、符合人体曲线的家具。

④软装色彩：白色、灰色、浅蓝色、浅色＋木色、纯色点缀。

⑤软装饰品：筒灯、简约落地灯、木相框或画框、组合装饰画、照片墙、线条简洁的壁炉、羊毛地毯、挂盘、鲜花、绿植、大窗户。

⑥软装形状图案：流畅的线条、条纹、几何造型、大面积色块、对称图案。

▼灰色调沙发搭配小型的插花令空间更为温馨、舒适

北欧风格软装**速查表**

软装材质

原木

藤竹

雕花铁艺

软装家具

素色沙发

有收纳功能的家具

曲线藤竹家具

软装色彩

白色调

浅色＋木色

淡雅中性色

软装饰品

照片墙

线条简洁的壁炉

小型盆栽

软装**搭配秘笈**

软装材质

天然材料展现朴素、原始之美

　　天然材料是北欧风格室内装修的灵魂，如木材、板材等，其本身所具有的柔和色彩、细密质感以及天然纹理非常自然地融入到家居设计之中，展现出一种朴素、清新的原始之美，代表着独特的北欧风格。

◀原木色座椅搭配棉麻布艺，演绎出纯美的自然风韵

藤艺制品展现北欧风格的朴实自然

　　藤艺制品质轻而坚韧，可以编织出各种各样具有艺术感的家具。藤艺制品典雅平实、美观大方、贴近自然，具有很高的鉴赏性，能够表现出北欧风格干净、通透的特质。

◀原始的藤竹材质与暖色调的布艺搭配，能令喧闹的都市呈现自然的唯美

软装色彩

浅色 + 木色展现舒适自然风

北欧风格的家居在用色上偏爱浅色调，这些浅色调往往要和木色相搭配，创造出舒适的居住氛围，也体现出北欧风格自然与素雅的特点。

◀以大面积的白墙搭配原木家具，将北欧风格中的简约特征展现得淋漓尽致

纯净的色彩展现北欧的清新、原始之美

北欧风格的家居空间，色彩设计以朴素、纯净为原则，摒弃不必要的虚华，追求质朴感。常见的色彩为白色、黑色、棕色、灰色、浅蓝色、米色、浅木色等。其中，细密的原木质感自然地融入白色系的空间之中，展现出一种朴素、清新的原始之美，代表着独具特征的北欧风格色彩。

▲ 淡雅的绿色系令人在喧闹的都市中静下心来

▼ 无色系为主的空间中点缀以蓝色布艺，增添了空间的层次感

软装饰品

照片墙为空间带来律动感

在北欧风格中，照片墙出现的频率较高，其轻松、灵动的身姿可以为北欧风格的家居带来律动感。有别于其他风格的是，北欧风格中的照片墙、相框往往采用木质，这样才能和本身的风格达到协调统一。

▶ 洗白的木质照片墙令墙面更加丰富多彩

▶ 纯净自然的色彩组合与无色系的照片墙结合，体现了北欧风格自由的理念

艺术墙饰令墙面更具装饰性

　　墙饰，是北欧风格软装墙面的重要配饰，北欧风格墙面多以浅色单色为主，易显得单调而缺乏生气。因此照片墙和造型各异的墙面工艺模型是最普遍和受欢迎的。

◀精致的木框挂画与灯具结合，令空间更加精致

▼选择简约的沙发，搭配自行车的挂饰，塑造出了清新又不乏趣味性的北欧氛围

鲜花、绿植为空间增添清爽气息

　　北欧风格的家居在装饰上往往比较简洁，但是鲜花、绿植却是北欧家居中经常出现的装饰物。这不仅契合了北欧家居追求自然的理念，也可以令家居环境更加清爽。

▲ 小型的绿植与白色的砖墙相互映衬，展示出北欧风格的原始之美

设计师 Designer 微课堂

陈秋成
苏州周晓安空间装饰设计有限公司
设计师

北欧风格的饰品
注重个人品位

　　北欧风格注重的是"饰"，而不是"装"。北欧的硬装大都很简洁，室内白色墙面居多。早期在原材料上更追求原始天然质感，譬如说实木、石材等，没有烦琐的吊顶。后期的装饰非常注重个人品位和个性化格调，饰品不会很多，但很精致。

铁艺饰品

板式家具

藤竹材质

纯色地毯

天然材质灯具

素色沙发

轻奢精美的**新欧式风格**

软装速查：

　①新欧式风格不再追求表面的奢华和美感，而更多的是去解决人们生活中的实际问题，极力让极具厚重感的欧式家居体现一种别样奢华的"简约风格"。

　②常用软装材质：欧式花纹布艺织物、镜面玻璃、不锈钢、天鹅绒、大理石、软包、陶艺。

　③软装家具：线条简化的复古家具、描金漆家具、猫脚家具、真皮沙发、皮革餐椅。

　④软装色彩：白色、金属色、大地色、米黄色、无色系、蓝色系、灰绿色＋深木色、白色＋大地色系。

　⑤软装饰品：水晶灯、铁艺枝灯、欧风茶具、欧式花纹地毯、罗马帘、壁炉外框、欧式花器、线条烦琐且厚重的画框、雕塑、天鹅陶艺品、帐幔。

　⑥软装形状图案：波状线条、欧式花纹、装饰线、对称布局、雕花。

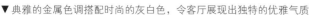

▼ 典雅的金属色调搭配时尚的灰白色，令客厅展现出独特的优雅气质

新欧式风格软装**速查表**

软装材质

欧式花纹布艺

镜面玻璃

金属、陶瓷

软装家具

黑色描金边家具

猫脚家具

复古家具

软装色彩

白色、象牙白

金属色

无色系

软装饰品

天鹅陶艺品

欧式茶具

水晶吊灯

软装**搭配秘笈**

软装材质

欧式花纹布艺织物展现唯美气质

　　新欧式风格软装中一般选用带有传统欧式花纹的布艺织物，欧式花纹典雅的独特气质能与欧式家具搭配相得益彰，把新欧式风格的唯美气质发挥得淋漓尽致。

▲ 蓝色和绿色组合的客厅具有强烈的色彩张力，欧式花纹布艺的点缀则为空间增添雅致感

▼ 大面积的欧式花纹布艺与棕色的家具组合，形成浩瀚大气的视觉感受

镜面玻璃令空间明亮通透

　　新欧式风格摒弃了古典欧式的沉闷色彩，合金材质、镜面技术大量运用到家具上，营造出一种冰清玉洁的居室质感，另外，除了有较强的装饰时代感外，镜面玻璃的反射效果能够从视觉上增大空间，令空间更加明亮、通透。

▶ 蓝色的家具搭配通透的镜面玻璃，令空间明亮而干净。白色的主色调调和了氛围和层次感

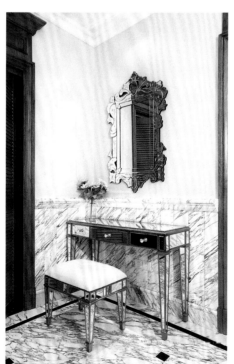

▶ 镜面玻璃的家具呈现出通透唯美的效果

软装色彩

▲ 用金色和红色为主色塑造出高贵时尚的客厅空间

金属色彰显欧式贵族气质

简欧风格典型的搭配便是金属色与黑色、白色的组合，鲜明的黑色、白色配以金、银、铁的金属器皿和描金家具，将黑、白与金不同程度的对比与组合发挥到极致，彰显出独特的贵族气质。

淡雅色调呈现开放的欧式情怀

简欧风格常常选用白色或象牙白做底色，再糅合一些淡雅的色调，力求呈现出一种开放、宽容的非凡气度。这样的素洁色彩也令居室体现出干净、雅致的空间氛围。

▶ 淡雅的蓝色调，令空间的色彩有了跳跃的活力

▶ 无色系的主色调搭配描金边的欧式座椅，在典雅中又添高贵气质

无色系展现欧式客厅的时尚感

黑色、白色加灰色作为经典组合色用来布置简欧风格的客厅令人眼前一亮。应注意的是，以黑、白、灰塑造简欧风格一定要搭配具有风格造型特点的家具，否则容易变成现代风格。

软装家具

描金漆家具更具造型感

　　描金漆家具可分为黑漆描金、红漆描金、紫漆描金等。黑色漆地或红色漆地与金色的花纹相衬托，具有异常纤秀典雅的造型风格，是新欧式风格家居中经常使用的家具类型。

◀黑色描金边的家具令空间体现深邃的欧式美感

▼大理石的拼花地砖搭配黑色描金边家具，体现出具有现代感的欧式空间配色特征

线条简练的复古家具别有韵味

新欧式风格的家具是一种将古典风范与个人的独特风格和现代精神结合起来，而改良的一种线条简练的复古家具。这种摒弃复杂的肌理和装饰的方式令复古家具别有一番韵味。

◀线条简练的欧式家具，使空间既具有古典的尊贵感又具有现代的清新感

▶空间的整体配色十分优雅，线条简练的欧式座椅与白色系落地灯形成干净的配色印象

软装饰品

罗马帘彰显空间华丽感

罗马帘的种类很多，其中欧式罗马帘自中间向左右分出两条大的波浪形线条，是一种富于浪漫色彩的款式，其装饰效果非常华丽，可以为家居增添一份高雅古朴之美。

▲ 大气的欧式沙发与浪漫的罗马帘组合，给人浩瀚大气的视觉感受

水晶灯展现贵族气质

在新欧式风格的家居空间里，灯饰设计应选择具有西方风情的造型，比如水晶吊灯。这种吊灯给人以奢华、高贵的感觉，很好地传承了西方文化的底蕴。

▲ 奢华的水晶灯是增添客厅豪华感的必要装饰

水晶吊灯

真皮沙发

高靠背扶手椅

软体家具

罗马帘

玻璃饰品

黑色描金家具

雕花刻金、唯美浪漫的
法式风格

软装速查：

　①法式风格室内推崇优雅、高贵和浪漫，它是一种基于对理想情景的思考，追求装饰的诗意，力求在气质上给人深度的感染。

　②常用软装材质：天然材料、青铜、花砖、大理石、锦缎刺绣。

　③法式家具的尺寸比较纤巧，而且家具非常讲究曲线和弧度，极其注重脚部、纹饰等细节的设计。因此雕花象牙白家具、手绘家具、尖腿家具、猫脚家具、描金漆家具、软体家具比较常用。

　④软装色彩：象牙白、湖蓝色系、金色系、紫色系。

　⑤软装饰品：水晶灯、法式花器、华贵的地毯、烛台、壁炉架。

▼浪漫的粉紫色调搭配曼妙的曲线家具，将空间点缀得异常柔美

法式风格软装**速查表**

软装材质

洗白雕花木质

青铜

锦缎刺绣

软装家具

尖腿家具

描金漆家具

织锦缎家具

软装色彩

金色系

淡蓝色＋白色

孔雀蓝

软装饰品

树脂饰品

法式花器

法式水晶灯

软装**搭配秘笈**

软装材质

洗白雕花的木质家具

　　法式软装家具常用洗白处理与华丽配色，洗白手法传达法式乡村特有的内敛特质与风情，搭配抢眼的古典雕花细节镶饰，呈现皇室贵族般的品位。

◀洗白的雕花木质家具与清新的嫩绿色结合，显示出空间的唯美气质

软装色彩

绿色＋橙色给人强烈的视觉冲击力

　　法式风格的家居色彩往往十分华丽，采用多种华丽的颜色交互使用，给人很强的视觉冲击力，也可以使人感受到一种冲破束缚、打破宁静的激情。

◀明艳的橙色加入嫩绿色、白色的空间中，塑造出具有强烈冲击力的法式韵味

淡雅的对比色强化空间的优雅浪漫

法式风格还可以使用较为明快淡雅的色调，如象牙白、淡蓝色、橙色、粉红等。而在雕花家具、橙色的罗马帘、水晶吊灯、法式花器的搭配下，浪漫清新之感扑面而来。

▲ 淡雅的湖蓝与橙色形成对比色系，在曲线的家具衬托下呈现出浪漫的气氛

软装家具

曲线家具令空间不再单调

　　一般法式风格的软装家具不会横平竖直，造型结构都会带一些曲线，尽管房间还是方的，里面的软装家具和饰品却不是直线。比如，一些 S 形、C 形、繁复的雕花形在家居中经常看到。

尖腿家具体现女性的纤细柔美

　　尖腿家具起源于法国路易十五统治时期。家具风格随宫中贵妇的爱好而改变，所以那种具有粗大扭曲腿部的家具不见了，代之以纤细弯曲的尖腿家具，可以很好地体现女性的柔美。

▲ S 形曲线设计的家具令人感受到法式贵族的奢华与典雅

▲ 尖腿家具与华丽的水晶灯结合，渲染出浪漫的童话氛围

Designer 微课堂
设计师

杨航
苏州一野室内设计工程有限公司设计总监

法式风格家具具有纤巧秀丽的特点

　　法式风格家具具有柔婉、优美的回旋曲线，精细、纤巧的雕刻装饰，再配以色彩淡雅秀丽的织锦缎或刺绣包衬，实现了艺术与功能的完美统一。

软装饰品

天然材料装饰品体现法式田园风情的惬意

法式田园风格的软装饰品多用木料、石材等天然材料再涂上靓丽的色彩。这些自然界原本就有的材质，经过现代工艺的雕琢与升华，更好地体现出法式田园的清新淡雅。

▶ 天然材质的木质家具与饰品，体现出法式田园的自然风情

法式花器突显空间的生动美感

法式花器的色彩往往高贵典雅，图案柔美浪漫，器形古朴大气，质感厚重，色彩热烈。在法式田园风格的家居中单独随意摆放，或者随意搭配几朵鲜花，都令室内气氛呈现出优雅、生动的美感。

▶ 洗白的木质家具与娇艳的法式花器结合，尽显法式风格的浪漫情调

水晶台灯

法式花器

青蓝色系

青铜制品

锦缎刺绣

描金家具

华贵地毯

自然有氧的
欧式田园风格

软装速查：

①重视对自然的表现是田园风格的主要特点，同时它又强调浪漫与现代流行主义。

②常用软装材质：天然材料、大花或碎花布艺。

③软装家具：碎花布艺沙发、象牙白家具、手绘家具、铁艺床、四柱床。

④软装色彩：绿色＋白色、粉色＋绿色、黄色＋绿色、木色、紫色系等明媚的颜色。

⑤软装饰品：田园吊扇灯、蕾丝布艺灯罩、自然色调窗帘、带有花草图案的地毯、自然工艺品、小体量插花、法式花器、木质相框、彩绘陶罐。

⑥软装形状图案：碎花、格子、条纹、雕花、花边、花草、金丝雀。

▼ 浪漫的色彩和自然风的饰品为卧室注入春日的浪漫气息

欧式田园软装**速查表**

软装材质

天然材料

铁艺

碎花、格子布艺

软装家具

象牙白家具

铁艺家具

碎花布艺沙发

软装色彩

绿色＋木本色

粉色＋紫色系

黄色＋绿色

软装饰品

小体量插花

蕾丝花边饰品

自然工艺品

软装**搭配秘笈**

软装材质

天然材料展现田园风格的清新淡雅

　　欧式田园风格的家居多用木料、石材等天然材料。这些自然界原来就有、未经加工或基本不加工就可直接使用的材料，其原始的自然感可以体现出田园的清新淡雅。

◀天然的藤竹座椅与娇艳的瓷器，令空间充满了悠闲、阳光的田园感

◀天然的木质家具与充满朝气的绿色系结合，令厨房更加清新

大花或碎花布艺呈现繁花盛开的自然景象

在欧式田园风格中，材质方面喜欢带有花卉图案的布艺织物。无论是大花图案，还是碎花图案，都可以很好地表现出欧式田园风格的特征，可以营造出一种浓郁的自然气息。

◀土黄色能够让人联想到阳光和土壤，以此种色调作为主色调，同时点缀以大花布艺家具，质朴却不乏生机

▼以蓝色的背景色搭配暖色系的大花布艺家具，能够在单一的背景下塑造丰富的层次感

软装色彩

明媚配色塑造出令人心旷神怡的田园氛围

　　田园风格以明媚的色彩为主要色调，鲜艳的红色、黄色、绿色、蓝色等，都可以为家居带来浓郁的自然风情；另外，田园风格中，往往会用到大量的木材，因此木色在家中使用率很高，而这种纯天然的色彩也可以令家居环境显得自然而健康。

◀在白色系的主色调中搭配明媚的蓝色、黄色软装，使空间在悠然的气息中增添了一些活泼和开放的感觉

◀采用黄色与绿色作为空间的主色调，塑造出具有明快感的空间氛围，令心情变得更加愉悦、轻松

软装家具

铁艺家具为居室增添优雅意境

　　"铁艺"是欧式田园风格装饰的精灵，或为花朵，或为枝蔓，或灵动，或纠缠，无不为居室增添浪漫、优雅的情调。用上等铁艺制作而成的铁架床、铁艺与木制品结合而成的各式家具，足以令空间更具欧式田园风格。

▶铁艺床纤细精致，令卧室不再沉闷

◀在大花图案中点缀以铁艺的座椅，可以增添灵动感

软装饰品

小体量插花与古朴花器共同打造舒适田园风

在田园风格的家居中，插花一般采用小体量的花卉，如薰衣草、雏菊、玫瑰等，这些花卉色彩鲜艳，给人以轻松活泼、生机盎然的感觉。再搭配柔美浪漫的古朴花器令空间更具田园气息。

◀古朴的花器与暖色调的小体量插花在细节处为空间增添精致感

▼古朴的蓝色花器与充满韵味的小体量插花为客厅带来春日的气息

蕾丝、流苏花边增强空间的甜美气息

蕾丝、流苏花边是一种非常女性化的装饰，因此常常用于法式田园风格之中，比如带花边的床单，或者电视、小家电的遮盖物等。柔美的蕾丝、流苏花边可以令居室氛围呈现出浓郁的女性特质。

▲ 波点图案与蕾丝花边展现田园风格的小情调

▲ 紫色的花边与象牙白的家具结合，体现出女性的柔美

粗犷大气、自然舒适的
美式乡村风格

软装速查：

①美式乡村风格摒弃烦琐和豪华，以舒适为向导，强调"回归自然"。

②常用软装材质：做旧的实木材料、亚麻制品、大花布艺、自然裁切的石材。

③软装家具：粗犷的木家具、皮沙发、摇椅、五斗柜、四柱床。

④软装色彩：棕色系、褐色系、米黄色、暗红色、绿色。

⑤软装饰品：铁艺灯、彩绘玻璃灯、金属风扇、自然风光的油画、大朵花卉图案地毯、壁炉、金属工艺品、仿古装饰品、野花插花、大型盆栽。

⑥软装形状图案：鹰形图案、人字形吊顶、藻井式吊顶、浅浮雕、圆润的线条（拱门）。

▼做旧的实木家具与生机勃勃的绿植彰显出美式乡村风格的自然舒适性

美式乡村风格软装**速查表**

软装材质

做旧的实木

大花布艺织物

亚麻制品

软装家具

粗犷的实木家具

大地色皮沙发

四柱床

软装色彩

大地色系

绿色系

比邻配色

软装饰品

自然风光的油画

美式铁艺灯

花鸟鱼虫饰品

软装**搭配秘笈**
软装材质

▲宽大、厚重的家具加以做旧处理的痕迹，配以大型的植物，塑造自然的美式风情

做旧的实木材料

美式乡村风格的家具主要使用可就地取材的松木、枫木，不加雕饰，仍保有木材原始的纹理和质感，还刻意添上仿古的瘢痕和虫蛀的痕迹，体现出一种古朴的质感，展现原始粗犷的美式风格。

▲同色系的大花布艺座椅和地毯休闲韵味浓郁，搭配厚重的美式家具，兼具悠闲感和怀旧感

大花布艺织物呈现雅致休闲的生活意境

美式乡村风格布艺织物非常重视生活的自然舒适性，突出清婉惬意格调，外观雅致休闲。多以形状较大的花卉图案为主，图案神态生动逼真。

软装色彩

大地色系令美式乡村风格更具厚重感

棕色、褐色等大地色系常令人联想到泥土、自然、简朴。它给人可靠、有益健康的感觉。与大地色系为主的美式乡村风格，以白色、米黄等浅色调布艺织物搭配，具有历史感和厚重感。

▲ 棕色、褐色的色彩基调令人联想到泥土的芬芳，同时以明艳的台灯和座椅来点亮空间的色彩

红色 + 绿色打造活泼感居室

红色和绿色是一对强烈的对比色，在美式乡村风格设计中作为主色使用时，应该选用明度和纯度较低的色调，这样可以降低视觉的刺激度，令两个色彩更为融合。打造出居室的质朴感和活泼感。

▲ 清新的绿色家具体现出美式乡村风格的天然美感，搭配红棕色的实木，为空间带来了丰富的层次感

比邻配色彰显美式风情

　　比邻配色最初的设计灵感来源于美国国旗，加之创始人对家居生活的热爱，有感而发创造了今天的比邻配色。此种配色方式的基色由源于美国国旗的蓝、红两色组成，具有浓郁的美式风情。

▼宽大的蓝色真皮沙发与墙面的红色挂画形成鲜明的对比，显示出十足的视觉冲击力

软装家具

质地厚重的实木家具创造原始粗犷美

　　美式乡村风格的家具体积庞大，质地厚重，坐垫也加大，而且家具表面常常会有虫蚀的木眼、火燎痕、锉刀痕等很多"瑕疵"，这其实是美式家具的特殊工艺——"做旧"。营造出一种被岁月磨砺过的痕迹，显现木材的本色，从而满足人们怀旧与向往自然的渴求。

▲ 厚重的实木茶几与宽大的沙发塑造出厚重、亲切的田园景象

▲ 厚重的实木雕花床大气典雅，配上蓝色系布艺织物，使人感到亲切而舒适

棉麻布艺、真皮家具使空间散发出古朴舒适的气息

布艺和皮质是乡村风格中非常重要的元素，其天然感与乡村风格能很好地协调，体现出美式乡村风格的舒适和随意。

▲ 做旧实木家具和棉麻布艺，这种沉稳、怀旧、散发着大自然气息的材质，能够令空间更显舒适

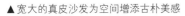

▲ 宽大的真皮沙发为空间增添古朴美感

软装饰品

自然风光的油画令视觉得以延伸

在美式乡村家居中，多会选择大幅的自然风光的油画来装点墙面。其色彩的明暗对比可以产生空间感，适合美式乡村家居追求宽敞空间的需求。

鹰形图案、花鸟虫鱼图案饰品展现浓郁的自然风情

白头鹰是美国的国鸟，代表勇猛、力量和胜利。在美式乡村风格的家居中，这一图案被广泛地运用于装饰中。另外，在美式乡村的家居中也常常出现花鸟虫鱼图案，体现出浓郁的自然风情。

▲ 绿色系的自然风光油画为大地色系的客厅增添自然气息

▲ 花鸟图案的挂画与大气的真皮座椅结合，渲染出放松、柔和又不失厚重感的美式乡村氛围

李文彬
武汉桃弥设计工作室设计总监

大型盆栽创造高雅氛围

美式乡村风格的家居配饰多样，非常重视生活的自然舒适性，格调清婉惬意，外观雅致休闲。其中各类大型的绿色盆栽是美式乡村风格中非常重要的装饰元素。这种风格非常善于利用室内绿化，来营造自然、简朴、高雅的氛围。

铁艺吊灯

比邻配色

做旧实木

取材天然、造型圆润的
地中海风格

软装速查：

①地中海家居风格装修设计不需要太过烦琐，而且保持简单的意念，捕捉光线、取材大自然，大胆而自由地运用色彩、样式。

②常用软装材质：马赛克、做旧的原木、铁艺、陶瓷、海洋风布艺、竹藤。

③软装家具：布艺沙发、铁艺家具、木质家具、竹藤家具、船形家具、白漆四柱床。

④软装色彩：蓝色＋白色、蓝色＋米色、土黄色＋红褐色、黄色＋橙色＋绿色、大地色、黄色＋蓝色、白色＋绿色。

⑤软装饰品：地中海拱形窗、地中海吊扇灯、贝壳装饰、海星装饰、船模、船锚装饰、蓝白条纹座椅套、格子桌布、铁艺装饰品、瓷器挂盘。

⑥软装形状图案：拱形、条纹、格子纹、鹅卵石图案、罗马柱式装饰线、不修边幅的线条。

▼藤制秋千与绿植，诉说着无尽的自然情调

地中海风格软装**速查表**

软装材质		软装家具	
马赛克		条纹、格子布艺沙发	
蓝色做旧实木		船型家具	
海洋风布艺织物		白漆、蓝漆四柱床	

软装色彩		软装饰品	
蓝色+白色		吊扇灯	
土黄色+红褐色		船、船锚、救生圈	
蓝色+米色		拱形窗	

软装**搭配秘笈**

软装材质

▲以代表性的地中海蓝色、棕色实木做主要的色彩搭配既稳定又清新活泼，使人眼前一亮

蓝色做旧实木体现自然气息

　　这类实木通常涂刷天蓝、白色的木器漆，做旧处理的工艺造型。客厅的茶几、餐厅的餐桌椅以及各个空间的柜体等家具，都可以使用，以体现出地中海风格的自然气息。

▲蓝色马赛克灯具为卫浴空间增添海洋的情调

马赛克突显地中海气质

　　马赛克小巧玲珑、色彩斑斓，能给居室带来勃勃生机，也是突显地中海气质的一大法宝，令空间更加雅致，可用作家具、挂画或手工艺品的装饰。

软装色彩

蓝色 + 白色体现地中海的清新之感

　　蓝色与白色搭配，是地中海风格家居中最经典的配色，不论是蓝色的小饰品，还是蓝白相间的家具及布艺织物，如此干净的色调将家居氛围体现得雅致而清新。

▶ 以蓝、白色为主的卧室中加入纯度较高的橙色系抱枕形成互补型配色，具有华丽、强烈的配色印象

▼阳台一角以做旧的蓝色实木与白色铁艺座椅搭配，有被海风吹过的味道

土黄色 + 红褐色体现大地般浩瀚之感

这是北非特有的沙漠、岩石、泥、沙等天然景观的颜色，再辅以北非土生植物的深红色、靛蓝色，加上黄铜色，构成地中海风格的一种，如同大地般浩瀚的感觉。一般可采用红褐色的主体家具，搭配土黄色的地毯、窗帘、灯饰等软装。

▲ 温暖的黄色调餐桌调动人的"视觉味蕾"，同时搭配蓝色椅背，彰显出地中海的风格特征

Designer 设计师 微课堂

赖小丽
广州胭脂设计事务所创始人、
设计总监

地中海风格色彩纯美

"地中海风格"家居的最大魅力来自于纯美的色彩组合。西班牙蔚蓝色的海岸与白色沙滩，希腊的白色村庄，南意大利的向日葵花田流淌在阳光下的金黄；以及北非特有的沙漠及岩石等自然景观，展现出的红褐、土黄等浓厚的色彩组合，都令地中海风格的家居软装呈现出多彩的容颜。

软装家具

船型家具尽显海洋风情

　　船型的家具是最能体现地中海风格家居的元素之一，其独特的造型既能为家中增加一份新意，也能令人体验到海洋风情。在家中摆放这样的一个船型家具，浓浓的地中海风情呼之欲出。

▲ 白色系的船型收纳柜配以木质楼梯，渲染出略带活跃感的淳朴韵味

▶ 船型收纳柜把空间的角落也装点得别具海洋韵味

软装饰品

白漆四柱床表现地中海不受拘束的情怀

双人床通体刷白色木器漆，床的四角分别凸出四个造型圆润的圆柱。这便是典型的地中海风格的双人床，这类双人床精致、美观，可以表现出地中海风格不受拘束、向往自然的情怀。

地中海拱形窗呈现海洋风情

地中海风格中的拱形窗在色彩上一般运用其经典的蓝白色，另外镂空的铁艺拱形窗也能很好地呈现出地中海风情。

▲ 设计师用白漆四柱床搭配蓝色的实木柜子，体现出一种海洋的清爽感觉

▶ 地中海拱形窗是地中海家居风格空间最好的装饰，方便快捷地把海洋韵味呈现出来

船、船锚、救生圈等饰品令空间尽显新意

船、船锚、救生圈这类小装饰也是地中海风格家居钟爱的装饰元素，将它们摆放在家居中的角落，展现地中海风情的同时倍显新意。

▶ 在米黄色的背景色上点缀以船型的家具和救生圈、帆船类的饰品，令卧室散发出无限生机

贝壳、海星饰品活跃家居气氛

地中海家居带有浓郁的海洋风情，在软装布置中，当然不会缺少贝壳、海星这类装饰元素，这些身姿小巧的装饰物在细节处为地中海风格的家居增加了活跃、灵动的气氛。

▶ 把海星、鱼形状的装饰品贴在墙面上，令空间有了海洋的趣味

铁艺家具

第三节

现代情调的软装风格

现代风格比较流行，追求时尚与潮流，非常注重居室空间的布局与使用功能的结合，是工业社会的产物。

选材多样、个性时尚的
现代前卫风格

软装速查:

①现代前卫风格提倡突破传统,创造革新,重视功能和空间组织,造型简洁,反对多余装饰,崇尚合理的构成工艺;尊重材料的特性,讲究材料自身的质地和色彩的配置效果。

②常用软装材质:不锈钢、大理石、玻璃、珠线帘、金属帘。

③软装家具:造型茶几、躺椅、布艺沙发、线条简练的板式家具。

④软装色彩:红色系、黄色系、黑+白+灰、黑色系、白色系、对比色。

⑤软装饰品:几何形地毯、纯色或条状图案的窗帘、抽象艺术画、无框画、金属灯罩、玻璃或金属工艺品。

⑥软装形状图案:几何结构、直线、点线面组合、方形、弧形。

▼大理石餐桌和金属灯具为空间带来了现代的气息

现代前卫风格软装**速查表**

软装材质

铁艺、不锈钢

大理石

玻璃

软装家具

线条简练的板式家具

造型茶几

素色布艺沙发

软装色彩

黑色＋白色＋灰色

灰色系

多色相对比

软装饰品

无框画

时尚灯具

金属、玻璃类工艺品

软装**搭配秘笈**

软装材质

不锈钢与大理石结合强化空间的光亮效果

不锈钢的镜面反射作用，可取得与周围环境中的各种色彩、景物相映衬的效果。在灯光的配合下，与自然纹路的大理石一同，对空间环境的光亮效果起到强化和烘托的作用。

金属帘隔断令客厅光线更佳

在现代前卫风格的居室中可以选择珠线帘、金属帘代替墙和玻璃，作为轻盈、透气的软隔断。例如，在餐厅、客厅或者玄关都可以采用这种似有似无的隔断，既划分区域，不影响采光，更能体现居室的美观。

▲ 金属帘把原本单调的大空间分隔成具有情调的小空间

▲ 不锈钢的家具与大面积的咖啡色大理石令空间呈现出坚硬、现代的效果

Designer **微课堂**
设计师

徐鹏程
微视大观艺雕国际装饰设计有限公司设计总监

玻璃为现代空间带来空灵的视觉感受

玻璃的出现，让人在空灵、明朗、透彻中丰富了对现代主义风格的视觉理解。它作为一种装饰效果突出的饰材，可以促成空间与视觉之间的丰富关系，体现明朗、透彻的现代前卫风格。

软装色彩

对比色展现活泼现代风

　　若喜欢华丽、另类的活泼感，可采用强烈的对比色，如红绿、蓝、黄等配色，并且让这些色彩出现在主要部位，如墙面、大型家具上，可令空间展现独特的活力气息。

▲ 红色和蓝色形成强烈的对比色系，搭配黑色的饰品，令卧室既时尚又独具酷感

黑白灰展示现代风格特性

　　若追求冷酷和个性，可全部使用黑、白、灰的配色方式。若追求舒适及个性兼具的氛围，可搭配一些大地色系或具有色彩偏向的灰色，如黄灰色、褐色、土黄色等，但面积不能过大。

▲ 大气的灰棕色沙发在金属、玻璃材质的映衬下更显高雅

软装家具

造型茶几为空间增添现代感

在现代前卫风格的客厅中，可以选择造型感极强的茶几作为装点的元素。此种手法不仅简单易操作，还能大大地提升房间的现代感。在材质方面，玻璃与金属材质最能体现现代前卫风格特征。

◀黑色系的几何形茶几与黑色的真皮沙发组合，彰显出现代前卫风格的个性和时尚

板式家具展现现代风格潮流

板式家具简洁明快、新潮，布置灵活，价格容易选择，是家具市场的主流。而现代前卫风格追求造型简洁的特性使板式家具成为此风格的最佳搭配。

◀黑色沙发搭配黄色系板式收纳柜，增添沉稳和现代感

软装饰品

金属、玻璃类工艺品增强空间的时尚气息

　　现代前卫风格家居的家具一般总体颜色比较单一，所以工艺品承担点缀作用。工艺品应线条较简单，设计独特，可以选用有特色的物件，或者造型简单别致的金属、玻璃工艺品。

▲ 金属茶几与金属装饰品制造出令人眼前一亮的视觉冲击力，可以很好地突出现代前卫风格的特质

无框画符合现代风格的审美理念

　　无框画摆脱了传统画边框的束缚，具有原创画的味道，更符合现代人的审美观念，同时与现代前卫风格追求简洁时尚的观念不谋而合。

▲ 灰紫色的布艺沙发塑造出神秘的现代前卫氛围。黑白结合的无框画，为空间平添了一丝雅致与酷感

线条简练的板式家具

布艺沙发

简洁明快、注重细节的
现代简约风格

软装速查:

① "轻装修、重装饰"是简约风格设计的精髓;而对比是简约装修中惯用的设计方式。

② 常用软装材质:镜面、烤漆玻璃、浅色木纹制品、藤艺制品。

③ 软装家具:低矮家具、直线条家具、多功能家具、带有收纳功能的家具、造型简洁的布艺、皮质沙发。

④ 软装色彩:浅冷色调、单一色调、高纯度色彩、白色、白色 + 黑色。

⑤ 软装饰品:纯色地毯、抽象艺术画、无框画、黑白装饰画、吸顶灯、花艺、绿化造景和摆件。

⑥ 软装形状图案:直线、直角、大面积色块、几何图案。

▼ 充满造型感的饰品和挂画为空间带来生气

现代简约风格软装**速查表**

软装材质

浅色木纹

简洁的布艺

镜面、烤漆玻璃

软装家具

线条简练的板式家具

直线条家具

多功能家具

软装色彩

白色＋黑色

单一色调

纯色点缀

软装饰品

纯色地毯

抽象艺术画

瓷盘挂饰

软装**搭配秘笈**

软装材质

浅色木纹制品令现代简约风格更加清新淡雅

浅色木纹制品干净、自然，尤其是原木纹材质，看上去清新典雅，给人以返璞归真之感，和简约风格摆脱烦琐、复杂，追求简单和自然的理念非常契合。

▲ 浅色木纹的软装单品可以增添客厅的自然舒适感

简洁的布艺是现代简约风格的最佳搭配

现代简约风格适合搭配外形简洁、利落，而颜色单一的布艺，不花哨的几何花纹款式也不错。另外，沙发上抱枕颜色可与沙发主体形成一定的对比，颜色不宜超过三种，以免显得凌乱。

▲ 舒适的棉麻布艺座椅与橙色调的收纳柜搭配，可以增加妩媚的时尚感

软装色彩

高纯度色彩点缀令空间更活跃

　　高纯度色彩是指在基础色中不加入或少加入中性色而得出的色彩。纯度越高，居室越明亮。但应注意使用高纯度的色彩时，要合理搭配，使用一种颜色为主角色，其他的作为配角色和点缀色即可。同时一个区域最好不要超过三种颜色。

▲ 蓝色座椅的点缀使灰色系的空间配色有了跳跃感

白色＋黑色彰显优雅气质

　　在简约风格的居室中，白色加黑色的色彩搭配方法也是经常会用到的。具体来说，面积稍大的客厅可以让白色装饰的面积占据整体空间面积的 80% ～ 90%，黑色只占 10% ～ 20% 即可；面积低于 20 平方米的客厅，则可以将黑色装饰扩大到占整体面积 30%，白色占 70%。此外，还可以用 60% 的黑色搭配 20% 的白色、20% 的灰色，这样的搭配更显优雅气质。

▲ 干净的白色作为空间的主角，搭配线条感极强的黑色软装令白色系的空间不显单调和空旷

Designer
设计师微课堂

沈健
苏州周晓安空间装饰设计有限公司设计师

大面积色块灵动划分空间

　　简约风格划分空间不一定局限于硬质墙体，还可以通过大面积色块进行划分，这样的划分具有很好的兼容性、流动性及灵活性；另外大面积色块可以用于墙面、软装等。

软装家具

直线条家具令空间更加简单利落

现代简约风格在家具的选择上延续了空间的直线条，横平竖直的家具不会占用过多的空间面积，令空间看起来干净、利落，同时也十分实用。

▲ 直线条的沙发搭配绿色系的饰品和绿植，在色彩上奠定了清爽而舒适的基调，体现出"简约而不简单"的精髓

多功能家具为生活提供便利

多功能家具是一种在具备传统家具初始功能的基础上，实现其他新设功能的家具类产品，是对家具的再设计。例如，在简约风格的居室中，可以选择能用作床的沙发、具有收纳功能的茶几和岛台等，这些家具为生活提供了便利。

▲ 多功能的板式家具可随意变换位置，可谓是收纳装饰两不误

软装饰品

纯色地毯更加耐看

　　质地柔软的地毯常常被用于各种风格的家居装饰中，而简约风格的家居因其追求简洁的特性，在地毯的选择上，最好选择纯色地毯，这样就不用担心过于花哨的图案和色彩与整体风格冲突。而且对于每天都要看到的软装来说，纯色的也更加耐看。

▲ 简约讲究少就是多，色彩的搭配上也呼应这一原则，采用灰色系的地毯满足空间追求宽敞的诉求

黑白装饰画增添生活乐趣

　　黑白装饰画即画作图案只运用黑白灰三色完成，画作内容可具体，可抽象。黑白装饰画运用在简约风格的居室中，既符合其风格特征，又不会喧宾夺主。

▲ 客厅中的配色非常干净，白色系的背景色搭配黑白装饰画，为简约空间增添了生活气息

单一色调

简洁的布艺

纯色地毯

第五章
不同人群彰显不同的软装印象

第一节

成年人软装印象

由于性别和年龄的不同，空间软装的喜好差异较大，在进行室内软装搭配时，可以从其特点入手，这样的设计方式更具有针对性、更个性。

阳刚、酷雅的
男性软装

软装速查：

①单身男性的家具通常可以选用粗犷的木质家具，同时收纳功能要方便、直接。这样能帮助单身男性更好地收纳整理。

②单身男性的软装代表色彩通常是厚重或者冷峻的色彩。冷峻的色彩以冷色系以及黑、灰等无色系色彩为主，这种色彩能够表现出男性的力量感。

③单身男性的家居饰品以雕塑、金属装饰品、抽象画为主，可以体现理性主义的个性，并塑造出具有力量感的空间氛围。

④家居装饰的形状图案以几何造型、简练的直线条为主。空间最好保持简洁、顺畅的格局，同时以少而精的装饰元素为主。

▼经典的蓝色调搭配简洁的格子图案，令空间更具绅士韵味

单身男士的软装**速查表**

软装材质

亚麻布艺

铁艺

玻璃、不锈钢

软装家具

造型简洁的家具

收纳强大的家具

酷雅的家具

软装色彩

冷色系

暗或浊色调

无色系

形状图案

格子图案

几何形图案

直线形图案

软装**搭配秘笈**

▲ 在降低明度和纯度的墨绿色背景下，搭配黄色的座椅，具有沉稳感和高级感，使男性特点更显著

收纳功能强大的家具令空间更整洁

对于不擅长整理的单身男士来说，收纳的重点是方便、直接，最好划分区域，这样可以方便物品分门别类。书房也需要储藏功能强大，方便拿取和办公使用。

▲ 蓝色的布艺织物搭配透明的灯具，兼具力量感和绅士感

冷色系展现理智的男性气质

以冷色系为主的配色，能够展现出理智、冷静、高效的男性气质，加入白色具有明快、清爽感，同时搭配黄色系的配饰，令空间同时具有活泼感。

经典的格子、条纹图案彰显英伦风范

经典的格子、条纹图案，融入布艺织物，令空间拥有一种独特的英伦气息，庄重典雅的同时带出一丝时尚感，彰显男性的品位。

▲ 沙发选择浅米灰色，比纯正的浅灰色更温馨一些，机械感有所减轻，搭配原木茶几，表现出具有文雅感的男性空间

酷雅的软装饰品体现理性主义

材质硬朗、造型个性的酷雅软装饰品彰显男性魅力，同时体现理性主义。如不锈钢相框、抽象装饰画、几何线条的落地灯、水晶台灯等。

▲ 深蓝与银灰的色彩组合，搭配水晶和不锈钢材质，具有高级感和力量感

不锈钢

造型简洁的家具

亚麻布艺

几何造型

柔美、精致的
女性软装

软装速查:

　　①单身女性家居以碎花布艺家具、实木家具、手绘家具等有艺术特征的家具为主;梳妆台、公主床等带有女性色彩的家具更能表现女性特有的柔美。

　　②家居色彩通常是温暖的、柔和的,配色以弱对比且过渡平稳的色调为宜;以高明度或高纯度的红色、粉色、黄色、橙色等暖色为主。

　　③家居饰品有花卉绿植、花器等与花草有关的装饰;带有蕾丝和流苏边等能体现清新、可爱的装饰;晶莹剔透的水晶饰品等能表现女人的精致的装饰。

　　④形状图案以花草为最常见。花边、曲线、弧线等圆润的线条更能表现女性的甜美。

▼矮体家具搭配暖黄色的造型灯营造出温馨的空间美

单身女士的软装**速查表**

软装材质

碎花布艺

帷幔

蕾丝、流苏制品

软装家具

实木家具

矮体家具

造型梳妆台

软装色彩

红色＋粉红色系

紫色＋无色系

淡粉色＋蓝色

形状图案

花朵图案

花草图案

曲线

软装**搭配秘笈**

蕾丝和流苏饰品象征女人的华贵可爱

蕾丝和流苏,是象征着可爱的时尚元素,是永恒的经典。既显得华贵又不失可爱。家中设置一些蕾丝边的窗帘、工艺品,可以表现出小女孩童心未泯的情调。

◀不同纯度的淡蓝色调过渡平稳,带有流苏的窗帘,显得高贵而优雅

实木家具令女性空间更显精致

樱桃木、枫木等颜色淡雅的实木具有精致的木纹,更加符合女性的审美观念。年纪稍大的女性,可以选择雍容华贵的樱桃木,配上羊毛地毯或者坐垫,与贵妇人的打扮十分相像。

◀浅色实木搭配娇艳的红色系窗帘和黄色插花,尽显女性的柔美

水晶饰品展现女性的璀璨

水晶给人清凉、干净、纯洁的感觉。女人用水晶衬托美貌，水晶用女人展现璀璨。在家居软装布置中，璀璨夺目的水晶工艺品，表达着特殊的激情和艺术品位，深受女性喜爱。

▲ 水晶吊灯纯净而高贵，与蓝色、紫色的对比色调搭配，甜美而温柔

花形图案令空间更具女人味

女人如花，花似梦。从某种意义上讲，花形图案代表了一种女人味，精致迷人。花形家具在表达感情上似乎来得更直接，也更迷人。

▲ 在高纯度蓝色、绿色的背景下，搭配花朵形的铁艺床，展现出女性清新、活泼的特点

Designer
设计师微课堂

杨航
苏州一野室内设计工程有限公司设计总监

温暖柔和的色彩展现女性的魅力

通常人们说冷色代表男性，暖色代表女性，虽然概括的不完全正确，但也能看出，具有女性特点的软装配色通常是温暖的、柔和的。大多数情况下，以高明度或高纯度的红色、粉色、黄色、橙色等暖色为主，配色以弱对比且过渡平稳的色调为宜，能够表现出具有女性特点的空间氛围。

粉红色系

花鸟图案

花草图案

流苏制品

追求宁静祥和的
老人房软装

软装速查：

①老人一般不喜欢过于艳丽、跳跃的色调和过于个性的家具。一般样式低矮，方便取放物品的家具和古朴、厚重的中式家具是首选。

②老人房宜用温暖的色彩，整体色调表现出宁静祥和的意境，如咖啡色、红棕色、灰蓝色等浊色调，同时使用一些具有对比感的互补色来添加生气。

③带有旺盛生命力的绿植、茶案、花鸟鱼虫挂画、瓷器等均可令老人房更具情调。

④老人房空间布局要流畅，家具尽量靠墙而立，同时注重细节，门把手、抽屉把手应该采用圆弧形设计。

▼ 藤制座椅搭配原木家具，令老人房充满自然的气息

老人房的软装**速查表**

软装材质

藤竹材质

棉麻材质

羊毛地毯

软装家具

低矮家具

布艺家具

古典家具

软装色彩

灰色＋棕红色

大地色系

蓝色＋紫色＋米色

形状图案

竹子形状

花鸟鱼虫

神佛雕像

软装**搭配秘笈**

棕红色 + 浅蓝灰色展现老人房的宁静之感

　　棕红色具有厚重感和沧桑感，能够更好地体现老年人的阅历，为了避免过于沉闷，加入浅灰蓝色，以弱化的对比色令空间展现出宁静优雅之感。

花鸟鱼虫挂画表现老人房的恬静

　　老年人喜爱宁静安逸的居室环境，追求修身养性的生活意境。房中摆放恬静淡雅的淡绿色花鸟图，与老年人悠闲自得的性情非常契合。

▲ 老人的视力减弱，墙面与家具、家具与布艺的色调对比明显一些可以看得更清楚，能够避免碰撞，使用更方便

▲ 花鸟鱼虫的饰品或布艺可体现老人宁静的生活情趣

Designer 设计师微课堂

周晓安
苏州周晓安空间装饰设计有限公司设计总监

老人房宜用高雅宁静的色调

　　老年人健康的衰退会导致一些常见老年疾病，这决定了老人喜爱宁静、整洁、安逸、柔和的居室环境。老人房宜用温暖的色彩，整体颜色不宜太暗，表现出亲近祥和的意境，色彩忌用红、橙等易使人兴奋和激动的颜色。但在柔和的前提下，可使用一些具有对比感的冲突型或互补型配色来增加生气，同时要避免使用大面积的深颜色，防止产生沉重的感觉。

茶案传递雅致生活态度

　　客厅中摆放一个茶案，无论是闲暇时光的独自品茗，还是三五老友之间的品茶论茶，都传递了老年人雅致的生活态度。

▶ 三五好友一起聊天品茶是悠闲自在的老年生活的缩影

复古瓷瓶展现古朴风情

　　精雕细琢的实木餐桌上摆放一个古香古色的青花瓷瓶，仿佛把时间定格在那古朴的岁月，表现出老人历尽沧桑的睿智。

◀ 复古的瓷器与实木搭配，古典而又宁静，加以米色的调节，令餐厅具有禅意

第二节

儿童软装印象

儿童房不仅需要合理的装修设计，软装搭配也要营造出适合儿童成长和学习的空间氛围。另外，儿童房除了为孩子营造五彩缤纷的童话世界，也要注重安全性和实用性。

活力动感的
男孩房软装

软装速查：

　　①男孩房适用能突显个性的多功能家具、边缘圆滑的组合家具和安全性强的攀爬类家具。同时儿童房家具应以无甲醛、无污染的环保材质为主，如实木、藤艺等天然材质。

　　②男孩房的色彩避免采用过于温柔的色调，以代表男性特征的蓝色、灰色或者中性的绿色为配色中心。年纪小一些的男孩，适合清爽、淡雅的冷色，大一些的男孩可以多运用灰色搭配其他色彩。

　　③家居饰品常以变形金刚、汽车、足球、篮球、动漫卡通人物等玩具为主。

　　④形状图案以卡通、涂鸦等男孩感兴趣的图案或是几何图形等线条平直的图案为主。男孩房应注重其性别上的心理特征，如有英雄情结的男孩的房间应主要体现活泼、动感的设计理念。

▼卡通动漫人物和海洋饰品相搭配，令空间独具英雄气魄

男孩房的软装**速查表**

软装材质

环保的复合板材

实木材质

铁艺、不锈钢材质

软装家具

收纳型家具

攀爬类家具

卡通形家具

软装色彩

蓝色＋白色

绿色＋蓝色

蓝色＋红色

形状图案

吉他形状

卡通字母、数字形状

篮球、足球形状

软装**搭配秘笈**

个性的多功能家具满足男孩的好奇心

男孩大多活泼好动，好奇心强，喜欢酷酷的感觉，大多喜欢坦克、飞机、汽车一类。因此男孩房适合选择一些个性突出的多功能家具来显示个性，这些家具少了许多可爱的元素，多了一些实用性。

◀个性的床有利于塑造出具有奇幻、活泼感的男孩房

红色＋蓝色展现男孩活力

喜欢活泼色彩的男孩的房间可以使用以红色为主色，搭配蓝色为对比色的配色方式，可以表现出儿童活泼、好动的天性。

◀蓝色大面积用在男孩房时，可以使用红色调节，且不同的部位之间可以做明度的变化，形成丰富的层次感

汽车、足球、篮球类玩具能锻炼男孩的体力

男孩都比较活泼好动，对于新鲜的事物充满了好奇心，所以对于玩具的要求也是倾向于汽车、足球、吉他等炫酷的类型。这类玩具可以很好地锻炼男孩的小肌肉群及机体协调能力。

▲ 篮球造型灯搭配蓝红相间的床头柜，塑造出男孩房的运动氛围

无色系适合青春期的大男孩

正值青春期的大男孩不喜欢太花哨的色彩，可以使用以黑白灰为主色调的搭配方式，同时使用红色、绿色或是蓝色等作为跳色，可表现出大男孩的时尚感。

▲ 黑、白、灰等无色系的色彩可以表现青少年的成长阶段，若觉得层次单调，可以加入红色等暖色系来调节

Designer
设计师微课堂

陈秋成
苏州周晓安空间装饰设计有限公司设计师

男孩房的色彩以冷灰色等男性色为主

男孩房的软装色彩避免采用过于温柔的色调，以代表男性特征的蓝色、灰色或者中性的绿色为配色中心。年纪小一些的男孩，适合清爽、淡雅的冷色，大一些的男孩可以多运用灰色搭配其他色彩。与成年男性不同的是，男孩性格还没有完全形成，带有天真的一面，因此，主色搭配白色或者淡雅的暖色系，更适合表现其性格特点。

铁质台灯

汽车饰品

环保复合板材

天真梦幻、突显公主范的
女孩房软装

软装速查：

①女孩给人天真、浪漫、纯洁具有活力的感觉。因此小型的组合家具，公主床或者带有纱幔等具有童话色彩的家具非常适合女孩房。

②以明色调以及接近纯色调的色彩能够表现出纯洁、天真的感觉；色相的选择上，通常以黄色、粉色、红色、绿色和紫色等为主色来表现浪漫感，其中，粉色和红色是最具代表性的色彩，这些色彩搭配白色或少量冷色能够塑造出梦幻感。

③女孩房的家居装饰品以洋娃娃、花仙子、美少女等布绒玩具，以及带有蕾丝花边的饰品为主。

④女孩房整体以温馨、甜美为设计理念，因此形状图案以七色花、麋鹿等具有梦幻色彩的图案和彩虹条纹、波点等活泼纯真的图案为主。

▼ 精致的公主床与水晶灯、糖果色彩打造出属于女孩自己的城堡

女孩房的软装**速查表**

软装材质

软包床

床纱

混油板式材质

软装家具

公主床

不规则家具

铁艺家具

软装色彩

粉色+白色

紫色系+浅棕色

蓝／绿色+粉色

形状图案

洋娃娃

蝴蝶结

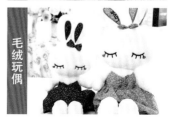

毛绒玩偶

软装**搭配秘笈**

公主床圆女孩一个公主梦

公主床最突出的特点就是淡淡的梦幻气息，没有一丝杂质，给人无限宁静和遐想。精心为宝贝购买一款设计合理的公主床，让睡眠更具乐趣。这种床大多都设计成宝宝喜欢的粉色、紫色、浅蓝色等。

玫红色＋蓝色令空间更具动感

低纯度的蓝色能够弱化玫红色的火热，同时令玫红色具有强烈的动感和视觉冲击力，两者搭配在一起非常适合追求与众不同的大女孩使用。

▲ 玫红色与蓝色属于对比色系，结合使用可以打破传统女孩房的甜腻感，令空间更具个性

▲ 女孩房的色调明亮、甜美，搭配浪漫的木马和公主床具有童话般的氛围

Designer **微课堂**
设计师

王五平
深圳太合南方建筑室内设计事务所总设计师

女孩房适合明色调以及接近纯色调的色彩

女孩给人天真、浪漫、纯洁具有活力的感觉，在对女孩房进行配色时，需要体现出这些感觉。明色调以及接近纯色调的色彩能够表现出纯洁、天真的感觉；色相的选择上，通常以黄色、粉色、红色、绿色和紫色等为主色来表现浪漫感，其中，粉色和红色是最具代表性的色彩，这些色彩搭配白色或少量冷色能够塑造出梦幻感。

布偶玩具为女孩带来安全感

布偶玩具特有的可爱表情和温暖的触感，能够带给孩子无限乐趣和安全的感觉。因此一些色彩艳丽、憨态可掬的布偶玩具经常出现在女孩房中。

▶ 柔软的布偶玩具给女孩房增添了梦幻感

波点、条纹图案展现女孩的时尚与俏皮

时下比较流行的波点、条纹图案简洁、梦幻，同时又不乏女性的俏皮与柔和。当这些可爱的小圆点搭配上不同底色的布艺织物之后，更能显示出女孩独特的时尚与俏皮。

▶ 俏皮的波点图案与粉色系的帐幔构建出女孩童话般的城堡

娃娃

布偶玩具

蕾丝花边

实木雕花

粉色＋淡蓝色

水晶灯

第三节

主题家居的软装印象

不同主题的软装需要不同的设计氛围，同时还要考虑人群的特征，一般新婚房主要渲染浪漫情调，而三代同堂则要兼顾不同年龄跨度的人群，主要以舒适、温馨为主。

甜甜蜜蜜

渲染甜蜜浪漫气氛的
新婚房软装

软装速查：

①新婚夫妇适用双人沙发、双人摇椅等两人共用的家具，象征团圆的圆弧形家具、储物功能强大的组合家具等。

②家居色彩的典型配色是红色等暖色系为主的搭配；个性化配色为将红色作为点缀，或完全脱离红色，采用黄、绿或蓝、白的清新组合搭配。

③家居饰品通常有成双成对出现的装饰品，带有两人共同记忆的纪念品，婚纱照、照片墙等墙面装饰；珠线帘、纱帘等浪漫、缥缈的隔断；玻璃、水晶灯等通透明亮的饰品同样适合新婚夫妇。

④形状图案通常以心形、玫瑰花、"love"字样等具有浪漫基调的形状。同时新婚夫妇的家居布置应遵循"喜结连理""百年好合"的理念。

▼以小体积的红色点缀空间，令新婚房更加时尚

新婚夫妇的软装**速查表**

软装材质

纱帘

纯棉布艺

水晶、玻璃制品

软装家具

组合式家具

圆弧形家具

四柱床

软装色彩

红色＋粉红色系

无色＋多彩色

蓝色＋米色系

形状图案

波点图案

娃娃、卡通图案

心形、花朵图案

软装**搭配秘笈**

组合式家具更大限度地利用婚房空间

新婚夫妇的住房，面积一般不会太大，有时一间房往往兼有卧室、客厅、餐室、书房等多种功能。购置家具时，宜少而精，可配置线条明快、造型整洁的折叠式家具和组合式家具。

圆弧形家具

方方正正的家具容易令人感到规矩和刻板。而带有圆弧边缘的家具则柔化了线条，提升家中的整体装饰之感，让人觉得时尚大方。并且圆弧形家具不仅象征着夫妻间的圆满生活，也令空间尽显浪漫。

▲ 根据空间特征定制的组合式家具可以实现最大限度地利用空间，同时储物也非常方便

▶ 圆弧形的沙发与鲜艳的抱枕象征着夫妻的恩爱、甜蜜

蓝色 + 黄色 + 白色烘托婚房时尚感

　　蓝色、黄色、白色是地中海风格的主打色调，这种来自于大自然的淳朴色调，能给人一种阳光自然的感觉。这样不但可以避免了大面积白色带给人的空洞感，还可以烘托出婚房装修的时尚感。

充满浪漫感的形状图案寓意新人的美好生活

　　对于即将步入婚姻殿堂的新人来说，婚房是他们的"爱巢"，也是他们对爱的延伸。因此室内通常装饰心形、唇形、玫瑰花、"love"字样等充满浪漫感的形状图案以象征甜蜜的爱情。

▲ 蓝色、黄色的高纯度色彩搭配曼妙的纱帘打造出清爽、宜人、独特的新婚房

▲ 不喜欢过于刺激、活泼的婚房氛围，用高雅的紫色搭配浪漫的唇形沙发，能够展现出个性、时尚的新婚氛围

Designer 设计师微课堂

陈秋成
苏州周晓安空间装饰设计有限公司设计师

婚房可摆脱传统，选择个性配色

　　提起婚房，最为典型的就是红色为主的搭配，能够渲染喜气洋洋的氛围，但现在的年轻人更加追求多样化、个性化，希望自己的婚房除了喜庆气氛、布局要美观舒适之外，还要个性十足。且红色过多的空间不适合长期生活居住，可以将红色作为点缀使用，或者完全脱离红色，采用黄、绿或蓝、白的清新浪漫的组合。

卡通饰品

对比色

四柱床

降低刺激感的
三代同堂软装

软装速查：

①三代人一同居住，因为有老人和孩子，客厅、餐厅等公共空间中的家具要考虑安全性和舒适性，所以家具一般以实木、藤竹或软体家具为主。

②空间中的整体色彩最好以暖色为主，如果要用冷色和中性色做背景色，可选择淡色调，纯色或深色则要少量使用。

③不要采用过于刺激的配色方式，例如撞色、明度较高的三原色搭配等，容易影响老人和孩子的平和心态。

④材质和饰品应避免冷材料的使用，如金属、玻璃、大理石等材质过于冷硬，存在安全隐患，所以三代同堂多用木质、布艺或软包。

▼舒适宽大的皮沙发与沉稳的实木茶几令客厅符合三代人共同的需求

三代同堂的软装**速查表**

软装材质

亚麻布艺

原木

藤竹

软装家具

竹藤家具

软体家具

低矮的布艺家具

软装色彩

暗暖色系

棕色＋茶色

米黄色＋米灰色

软装饰品

花鸟鱼虫饰品

小型绿植

木质、亚克力墙饰

软装**搭配秘笈**

加入大地色系令空间更具归属感

　　在三代同堂的居室中，无论采用哪些色相组合，都建议加入一些大地色，如棕色木质墙面、茶色单人沙发、咖啡色靠枕等。这类色彩较百搭，无论搭配暖色、冷色，还是中性色都比较协调，并且可以带给老人归属感。

▲ 在大地色系的家具中加入一些亮色系的饰品，令空间更活跃

▼ 棕色系的真皮沙发低矮舒适，适合老人和小孩

竹藤、原木家具给空间带来稳定感

环保、安全是三代同堂的居室首先应考虑的问题。原木或竹藤家具既天然、又无化学污染，同时没有坚硬的棱角，比玻璃、不锈钢等新型石材更安全，是健康的绝佳选择。同时，符合居住者崇尚大自然的心理需求。

▲ 竹藤和原木是最接近大自然的材质，用在家居软装上散发出自然与原始之美

▲ 实木家具边角都做了圆角处理，很好地保障了老人和小孩的安全

棕色系

皮质＋羊毛材质

原木

低矮的布艺家具

小型绿植

藤竹

亚麻布艺